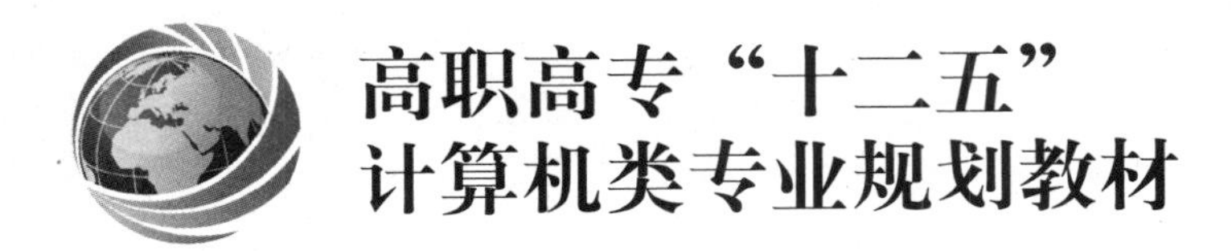

Photoshop 设计与制作项目教程

主　编　胡　艳　张　辉
副主编　卢　珂　李　深　黄成兵
编　写　余斐斐　史科蕾　刘一臻
李玲玲　于丽梅　徐新爱
主　审　刘红岩

中国电力出版社
CHINA ELECTRIC POWER PRESS

内容提要

本书为高职高专“十二五”计算机类专业规划教材。本书集知识讲解与实战应用功能为一体，是学习 Photoshop CS6 的完全手册。全书共 7 个项目，分别从制作技能、数码图片处理技能及设计应用技能三个方面全面讲解了 Photoshop CS6。制作技能包括艺术字特效设计和图像特效制作，主要介绍了制作技能的基本操作，深入细致地讲解了 Photoshop CS6 中各功能、命令和工具的用途。数码图片处理技能选择经典案例进行制作演示，使读者不仅学会知识，还能将其运用于实战中，达到学以致用的最终目的。

本书可作为高职高专院校相关专业的教材使用，也可供自学者参考。

图书在版编目（CIP）数据

Photoshop 设计与制作项目教程 / 胡艳，张辉主编. —北京：中国电力出版社，2014.4

高职高专“十二五”计算机类专业规划教材

ISBN 978-7-5123-5598-9

Ⅰ. ①P… Ⅱ. ①胡… ②张… Ⅲ. ①图象处理软件－高等职业教育－教材 Ⅳ. ①TP391.41

中国版本图书馆 CIP 数据核字（2014）第 035557 号

中国电力出版社出版、发行

（北京市东城区北京站西街 19 号 100005 http://www.cepp.sgcc.com.cn）

北京市同江印刷厂印刷

各地新华书店经售

*

2014 年 4 月第一版 2014 年 4 月北京第一次印刷

787 毫米×1092 毫米 16 开本 9.75 印张 234 千字

定价 **20.00** 元

丛书编委会成员

从书编写院校名单

北京农业职业学院
北京印刷学院
北京信息职业技术学院
北京工业职业技术学院
北京电子科技职业学院
江苏食品药品职业技术学院
江苏经贸职业技术学院
江苏农牧科技职业学院
常州机电职业技术学院
泰州师范高等专科学校
扬州市职业大学
徐州工程学院
南通市广播电视大学
南通职业大学
苏州市职业大学
义乌工商职业技术学院
浙江警官职业学院
南昌师范学院
萍乡高等专科学校
重庆文理学院
四川职业技术学院
四川工商职业技术学院
四川交通职业技术学院
成都职业技术学院
内江师范学院
攀枝花学院
武汉软件工程职业学院
山东服装职业学院
山东信息职业技术学院
山东大王职业学院
淄博职业学院
辽宁建筑职业学院
辽宁理工职业学院
营口职业技术学院
大连海洋大学职业技术学院
许昌学院
郑州升达经贸管理学院
郑州铁路职业技术学院
河南化工职业学院
黄河科技学院
河北建材职业技术学院
河北软件职业技术学院
廊坊职业技术学院
黄山学院
太原师范学院
肇庆工商职业技术学院
广东工程职业技术学院
佛山职业技术学院
广西经贸职业技术学院
新疆工程学院
珠海城市职业技术学院

前　言

在创意产业快速发展的今天，掌握软件应用技能、平面设计应用技能，提高艺术设计修养是每个准备从事设计工作的读者应该关注的三个重要方面。要做好设计工作，这三方面的提升缺一不可。熟练的软件技能是实现创意的保证，对设计应用知识的掌握可快速制作出符合行业规范的作品，较好的设计修养是产生创意和灵感的基础。那么，面对浩瀚的知识海洋和如山的图书，如何选择一本适合自己的图书，如何才能有效地学习到对工作、生活有帮助的知识呢？

本书采用全案例教程的编写形式，每本书的案例和知识点环环相扣，形成一个快速提高软件应用技能、设计应用技能的完美学习体系。希望通过本套图书的学习，读者能够完全独立地开展设计工作。本套图书的特点如下。

（1）全案例教程。开门见山地直接进入案例制作学习，完全在实战中掌握技能。

（2）技能进化手册。不同的实例融合了不同的技能要点，每个案例都有技能要点。

（3）拥有独立设计能力。通过大量的案例实战练习和系统、规范的流程演练，学习完相关的知识后，读者应该拥有独立的设计能力。

本书对 Photoshop CS6 的诠释涵盖制作技能、数码图片处理技能及设计应用技能三大块。

（1）制作技能部分为项目 1、项目 2。项目 1 通过艺术字特效案例介绍 Photoshop CS6 对文字处理的基本操作，包括"魔棒"工具、"滤镜"工具、图层控制、"钢笔"工具、"创建剪切蒙版"命令、"镜头光晕"命令、"高斯模糊"命令、"极坐标"命令、"风"命令及"图层样式"等，进一步深化读者运用 Photoshop CS6 对文字处理操作的了解。

项目 2 介绍 Photoshop CS6 对图像效果处理的基本操作，包括"套索"工具、"羽化选区"工具、"叠加"模式、"滤色"混合模式工具、"修复画笔"工具、"盖印图层"、"混合器画笔"工具、"画笔"面板、"描边路径"模式、"标尺"工具、"仿制图章"工具、"旋转画布"工具、"操控变形"命令、"内容识别填充"命令等，丰富读者对 Photoshop CS6 图像处理功能的运用。

（2）数码图片处理技术为项目 3。项目 3 通过演绎制作唯美艺术照这个案例，可使用"曲线"、"色彩平衡"、"可选颜色"命令调整图像的色调，使图像效果变亮，再使用"液化工具"对人物进行瘦身处理，对图像添加文字，输入文字后将其栅格化，再将其缩小并移动至合适位置，对齐并添加图层样式，制作出渐变效果。基本操作包括"曲线"命令、"色彩平衡"命令、"可选颜色"命令、"镜头光晕"命令、"画笔"工具、"钢笔"工具等。

（3）设计应用部分为项目 4 至项目 7。项目 4 包括 KTV 宣传广告制作设计和企业邀请函设计。利用"渐变"工具、"描边"命令、"画笔预设"工具、"多边形选项"工具等，制作 KTV 宣传广告效果；利用"渐变"工具、"描边"命令、"钢笔"工具、"自由变换"工具等，制作企业邀请函设计效果。

项目5包括平面软件类图书封面设计和手提袋设计。利用“直线”工具、“渐变”工具、“横排文字”工具等，制作完成平面软件类图书封面设计效果；利用“图层蒙版”工具、“选取操作”工具、“描边”样式等，制作完成手提袋包装设计效果。

项目6包括制作咖啡厅Logo和装饰公司名片设计。利用“椭圆选区”工具、“钢笔”工具、“画笔描边”等，制作完成咖啡厅 Logo 设计效果；利用“矩形选框”工具、“钢笔”工具、“文字”工具等，制作完成装饰公司名片设计效果。

项目7包括制作个人网站导航背景和制作美容类网站页面背景。利用“圆角矩形”工具、“画笔”工具、“渐变叠加”命令、“线条”工具等，制作完成个人网站导航背景设计效果；利用“钢笔”工具、“图层样式”命令、“图层蒙版”等，制作完成美容类网站背景页面设计。

本书大部分实例由专业的平面设计工作人员亲自制作并提供编写协助，在此表示感谢。限于作者的水平，书中难免有疏漏和不妥之处，恳请读者不吝赐教。

编　者

2013年12月

目 录

项目1　艺术字特效设计

文字是向外界传达含义最明确的形式，在实际操作中合理应用文字特效能够为设计的作品起到画龙点睛的作用。

1.1　任务1　平面字体效果制作

1.1.1　案例一 —— 制作闪亮水钻字体效果

1. 任务描述

利用“魔棒”工具、“滤镜”工具、“图层”工具、“画笔”工具等，制作闪亮水钻字体效果。

2. 能力目标

（1）能熟练运用“魔棒”工具进行绘图区域选取。

（2）能熟练运用“滤镜”工具对图像进行效果设计。

（3）能运用图层控制面板进行图层位置调整。

3. 任务效果图（见图 1-1）

图 1-1　闪亮水钻字体效果图

4. 操作步骤

（1）启动 Photoshop CS6，打开素材库中的“素材—闪亮背景”，如图 1-2 所示。单击工具箱中的“横排文字”工具T按钮，在图像中输入“star”，在属性栏中设置字体及样式为 Elephant、Regular、浑厚，大小为 100 点，如图 1-3 所示。

图 1-2　素材—闪亮背景

图 1-3　字体设置效果图

（2）单击“魔棒”工具按钮，在图像中选取选区，执行“选择”→“反向”命令对字体进行选取，效果图如图 1-4 所示。

图 1-4 字体选取效果图

图 1-5 “图层”面板效果图

（3）执行“滤镜”→“转换为智能滤镜”命令，此时的“图层”面板如图 1-5 所示。

（4）执行“滤镜”→“渲染”→“云彩”，然后执行“滤镜库”→“扭曲”→“玻璃”命令，相关参数设置如图 1-6 所示，其效果如图 1-7 所示。

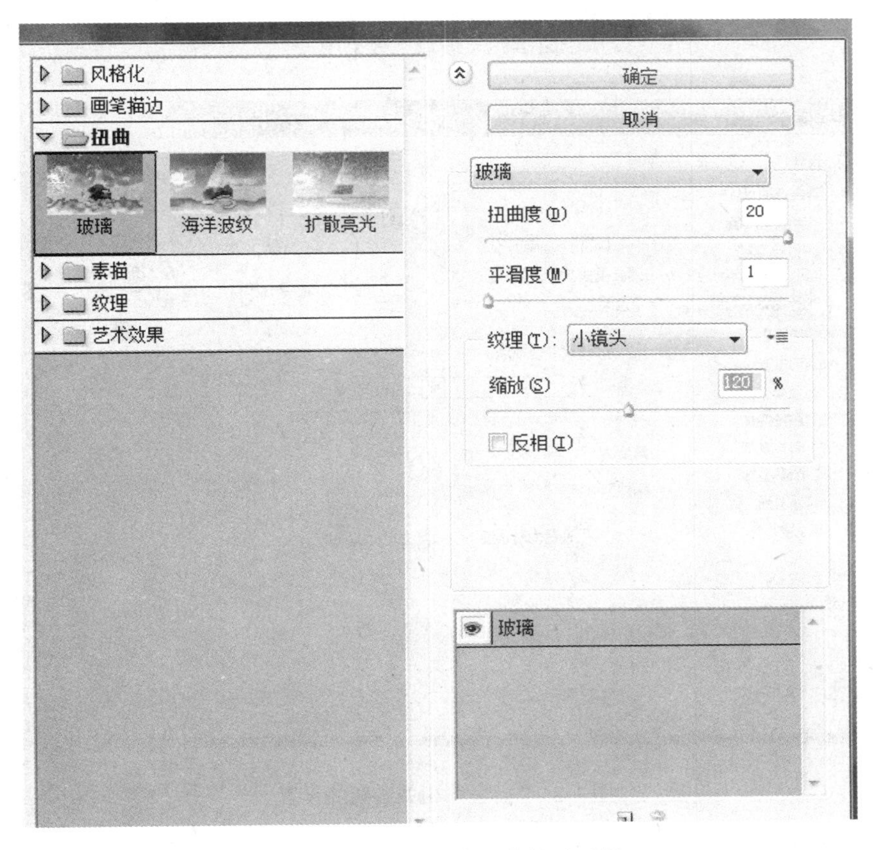

图 1-6 “玻璃”相关参数的设置图

（5）单击“图层”面板底部的“添加图层样式”按钮 fx ，在弹出的菜单中选择“描边”

选项，弹出“图层样式”对话框，相关参数设置如图 1-8 所示。选择“斜面和浮雕”复选框，相关参数的设置如图 1-9 所示。

图 1-7 “玻璃”效果图

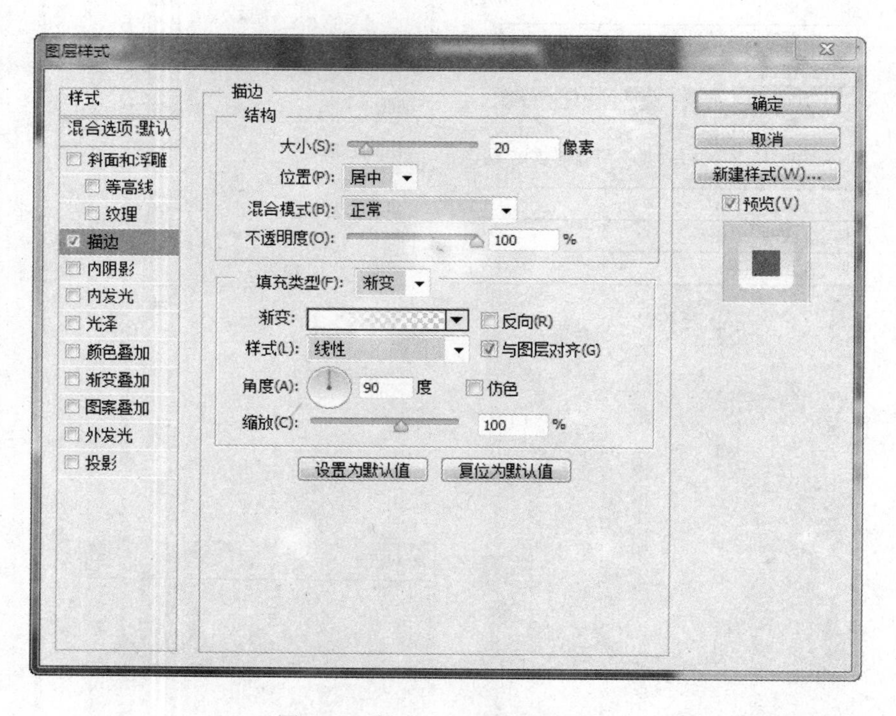

图 1-8 “描边”相关参数的设置

（6）设置完成后，单击“确定”按钮，效果如图 1-10 所示。

（7）新建一个图层，选择工具箱中的“画笔”工具，单击属性栏中的按钮，在打开的“画笔”面板中设置画笔的相关参数，如图 1-11 所示。

（8）设置前景色为白色，在字体周围绘制出水钻的璀璨效果，最终效果如图 1-12 所示。

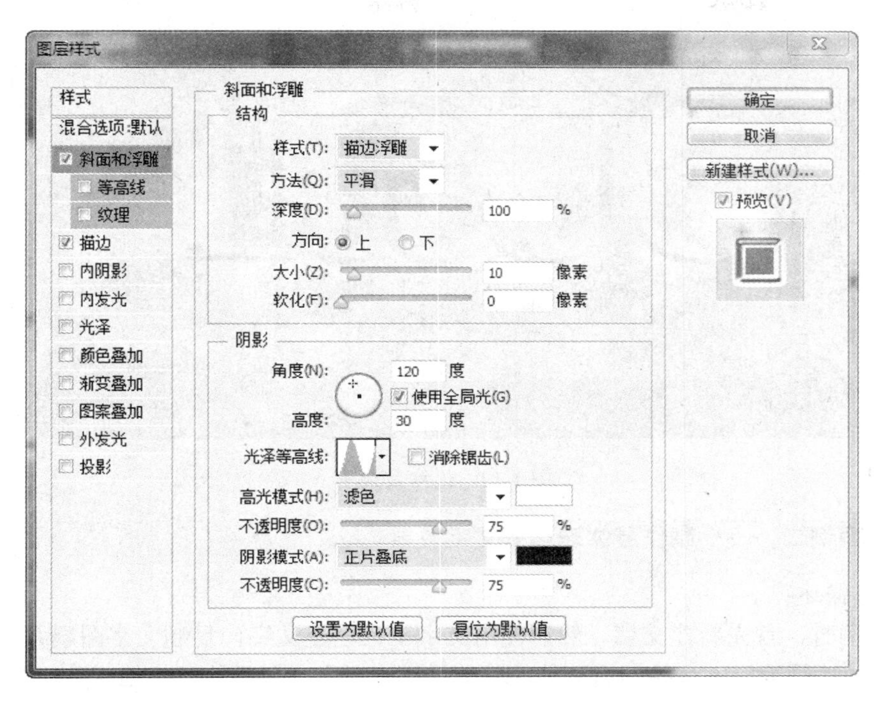

图 1-9 “斜面和浮雕”相关参数的设置

图 1-10　参数设置效果图

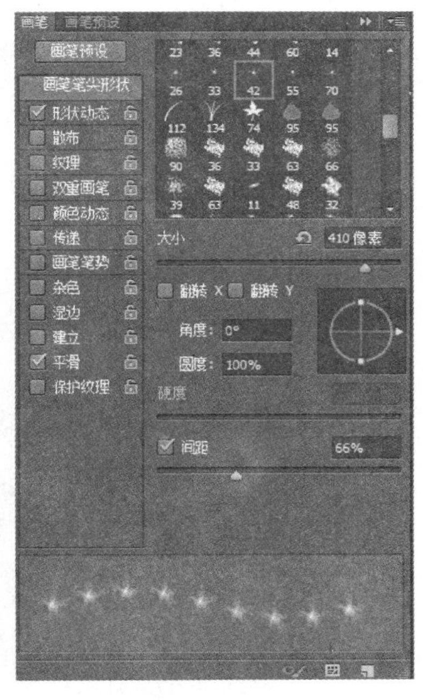

图 1-11 “画笔”面板相关参数的设置

图 1-12　最终效果图

1.1.2　案例二 —— 制作液体玻璃瓶文字效果

1. 任务描述

制作案例时，首先新建文档，然后使用文字工具创建文字，复制文字图层并添加图层样式，接着使用“钢笔”工具绘制出液体的轮廓并填充颜色，最后执行“创建剪切蒙版”命令，完成液体玻璃瓶文字效果的制作。

2. 能力目标

（1）能熟练运用“图层样式”工具进行图层样式设置。

（2）能熟练运用“钢笔”工具对图像进行效果设计。

（3）能运用“创建剪切蒙版”命令进行图像美化设计。

3. 任务效果图（见图 1-13）

图 1-13　任务效果图

4. 操作步骤

（1）执行“文件”→“新建”命令，在弹出的“新建”对话框中，设置“宽度”为“600像素”，“高度”为“400像素”，“分辨率”为“72像素/英寸”，“颜色模式”为“RGB颜色8位”，“背景内容”为“白色”，完成后单击“确定”按钮，如图1-14所示。

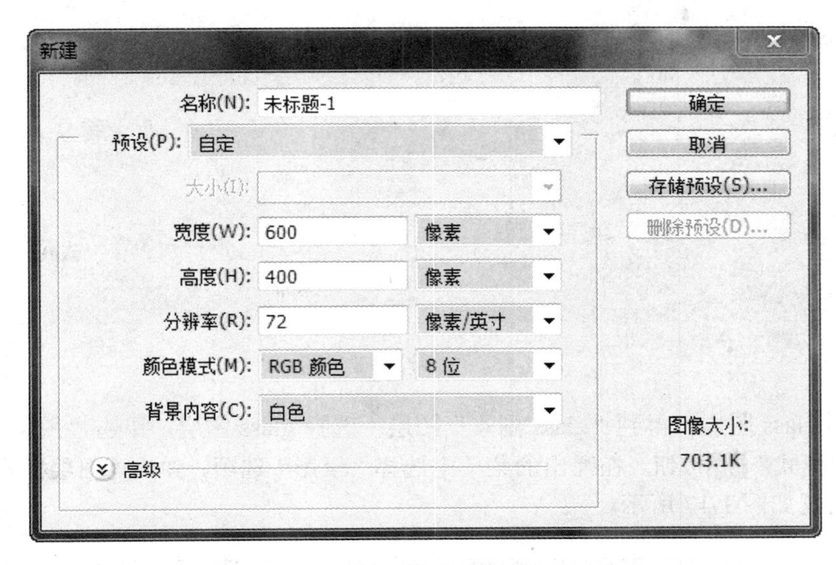

图1-14 “新建”对话框相关参数的设置

（2）单击“设置背景色”色块，在打开的对话框中设置背景颜色为（R：207，G：206，B：202），完成后单击“确定”按钮。单击“油漆桶”工具按钮，填充背景色为灰色，效果如图1-15所示。

图1-15 背景设置效果图

（3）单击工具箱中的“横排文字”工具按钮，在图像中输入“glass”，字体为Cooper Std，大小为150点，字体样式为锐利，在属性栏中设置字体颜色为（R：225，G：225，B：225），效果如图 1-16 所示。

图 1-16　文字设置效果图

（4）复制 glass 图层，得到“glass 副本”图层，选择 glass 图层，单击“图层”面板底部的“添加图层样式” fx 按钮，在弹出的菜单中选择“投影”选项，弹出“图层样式”对话框，相关参数的设置如图 1-17 所示。

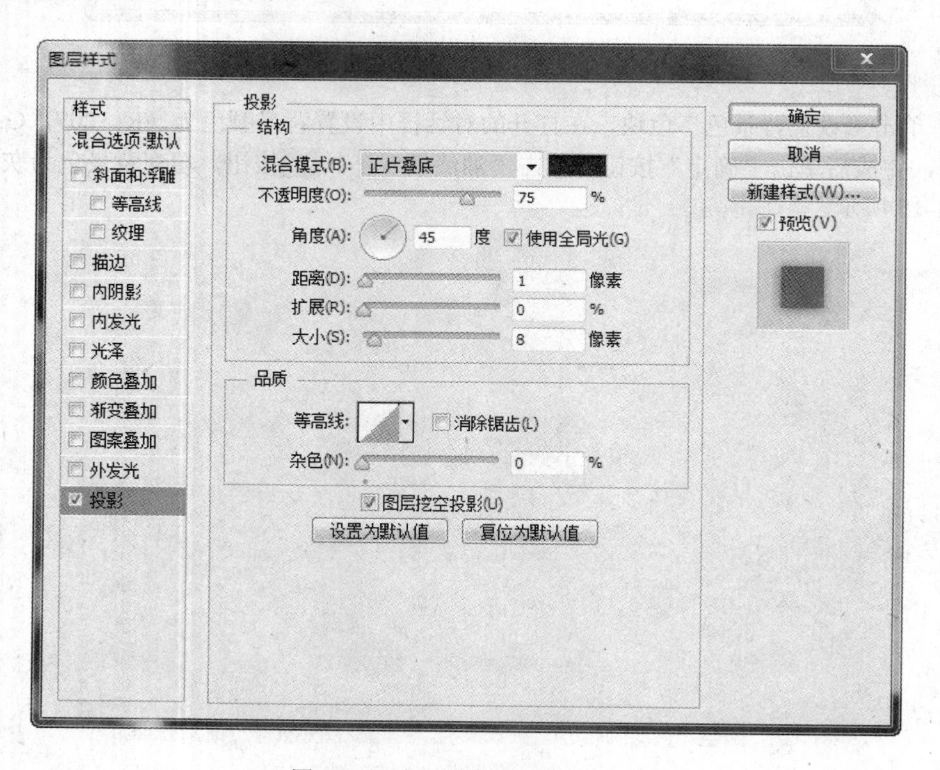

图 1-17　“投影”相关参数的设置

（5）选择“内阴影”复选框，相关参数的设置如图 1-18 所示。

（6）选择“斜面和浮雕”复选框，相关参数的设置如图 1-19 所示。

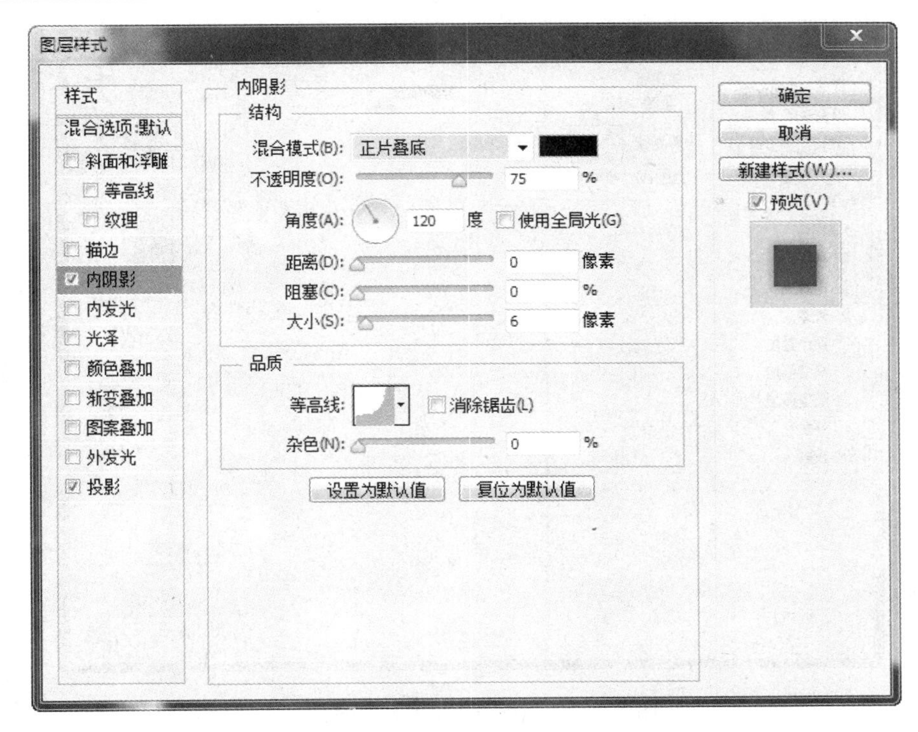

图 1-18 “内阴影”相关参数的设置

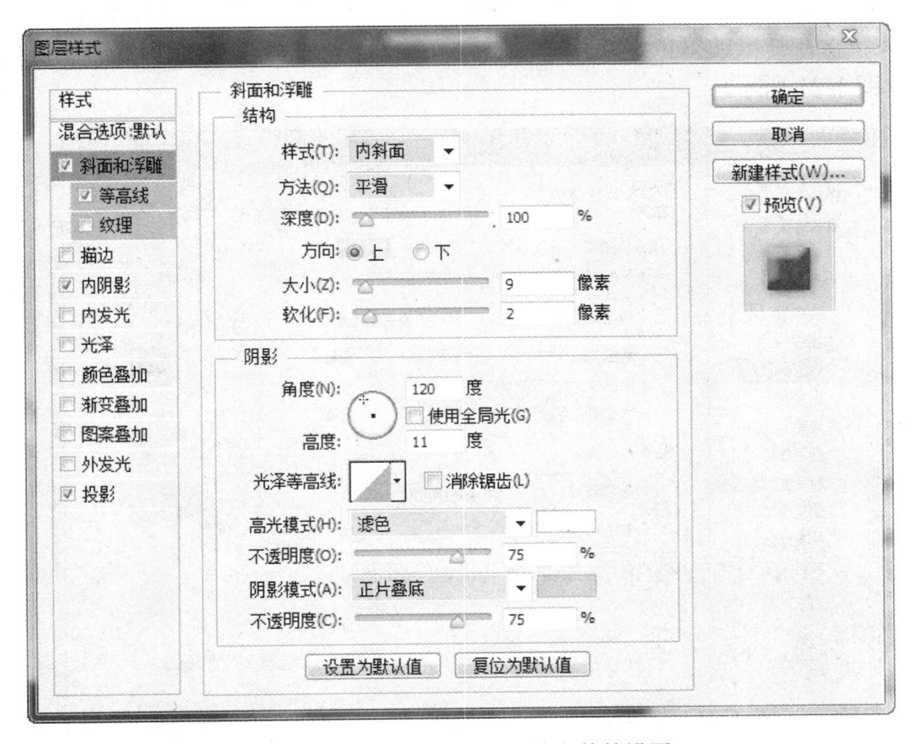

图 1-19 “斜面和浮雕”相关参数的设置

（7）选择“等高线”复选框，相关参数的设置如图 1-20 所示。

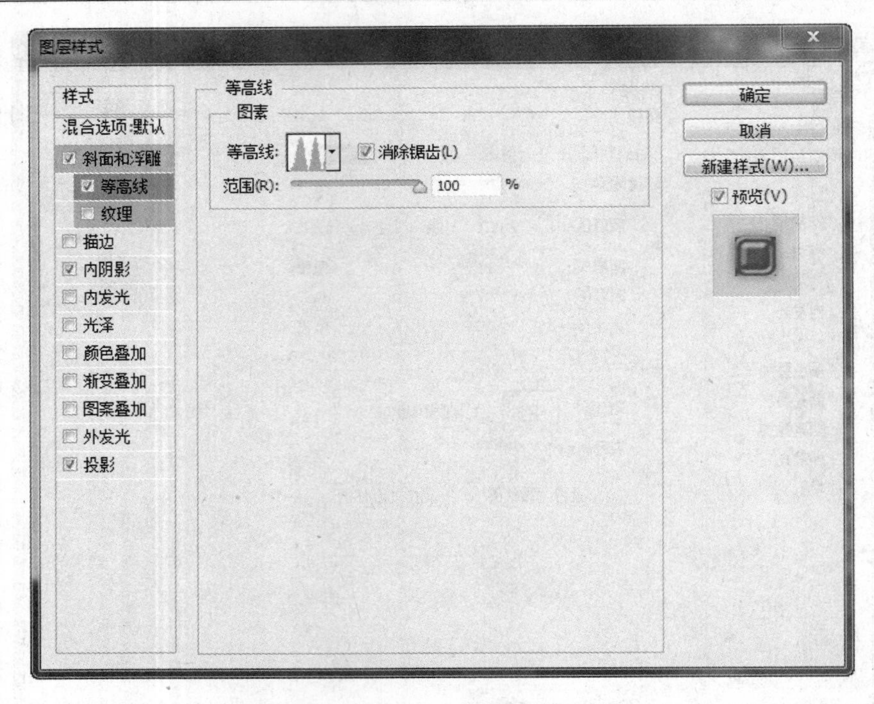

图 1-20 “等高线”相关参数的设置

（8）在“图层”面板中，选择“glass 副本”图层，单击“图层”面板底部的“添加图层样式”fx按钮，在弹出的菜单中选择“内阴影”复选框，弹出“图层样式”对话框，相关参数的设置如图 1-21 所示。

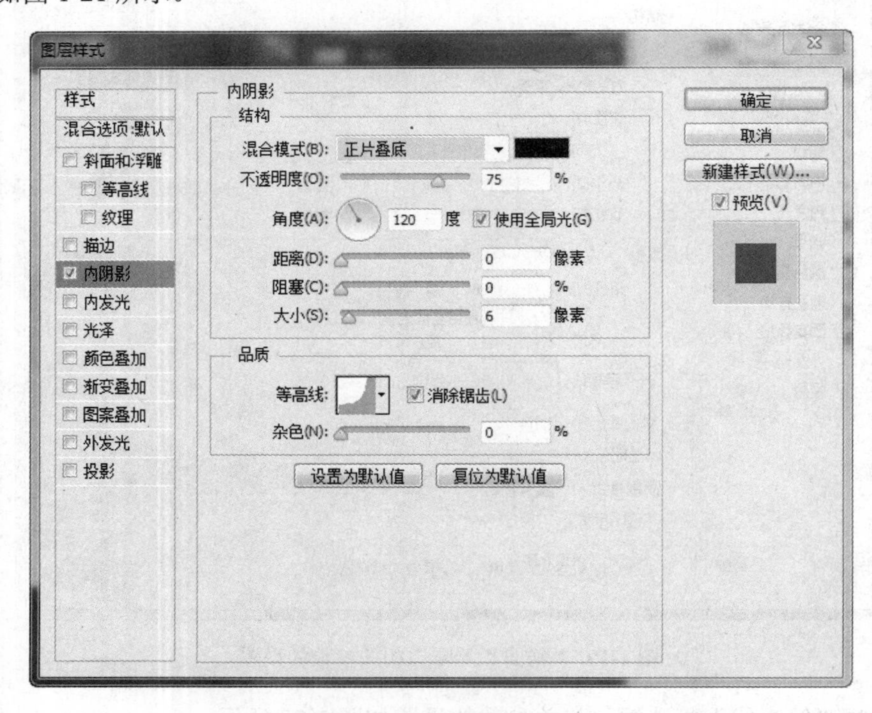

图 1-21 “glass 副本”图层“内阴影”相关参数的设置

（9）选择“斜面和浮雕”复选框，相关参数的设置如图 1-22 所示。

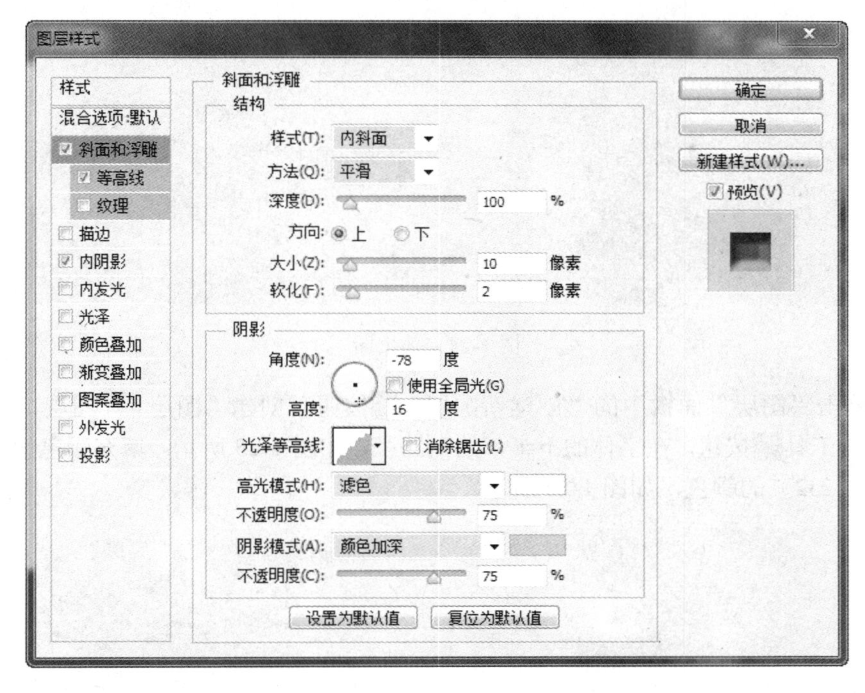

图 1-22　“glass 副本”图层“斜面和浮雕”相关参数的设置

（10）选择“等高线”复选框，相关参数的设置如图 1-23 所示，设置完成后的效果如图 1-24 所示。

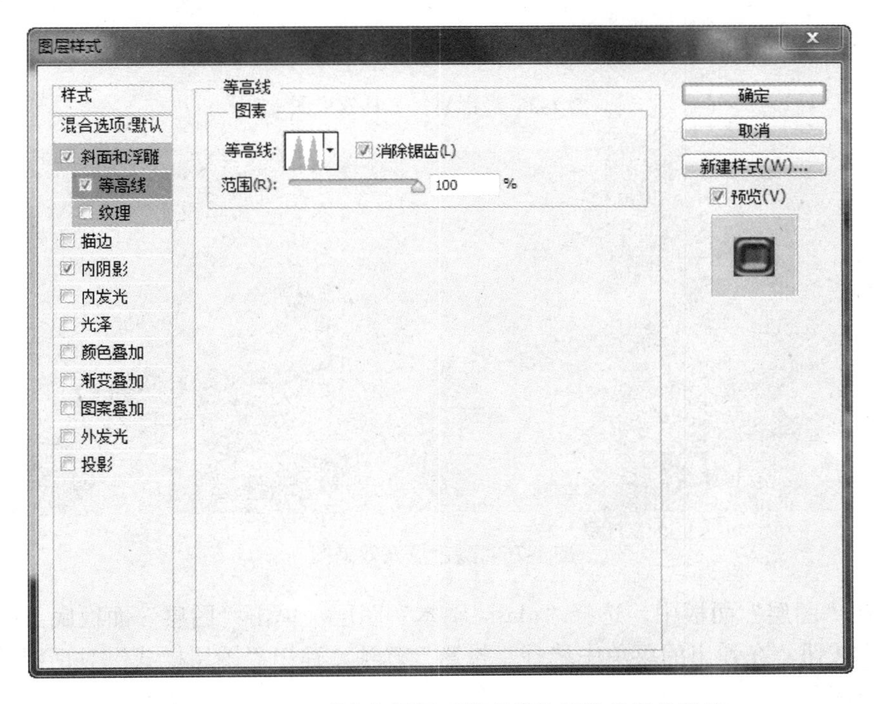

图 1-23　“glass 副本”图层“等高线”相关参数的设置

图 1-24　效果图

（11）单击“图层”面板中的“创建新图层”按钮，创建“图层 1”图层，单击工具箱中的“钢笔”工具按钮，在字体的下半部绘制路径，如图 1-25 所示。填充颜色值为（R：61，G：162，B：232）的颜色，如图 1-26 所示。

图 1-25 “钢笔”工具效果图

图 1-26　颜色填充效果图

（12）在“图层”面板中，选择“glass 副本”图层，单击“图层”面板底部的“添加图层样式”按钮，在弹出的菜单中选择“投影”选项，弹出“图层样式”对话框，相关参数的设置如图 1-27 所示。

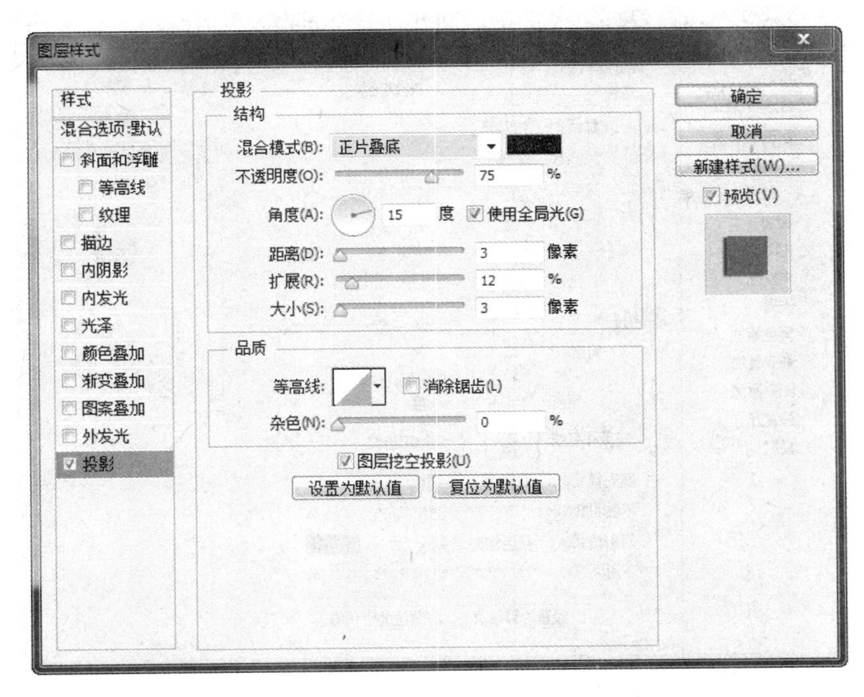

图 1-27 “投影”选项相关参数的设置

（13）选择“内阴影”复选框，相关参数的设置如图 1-28 所示。

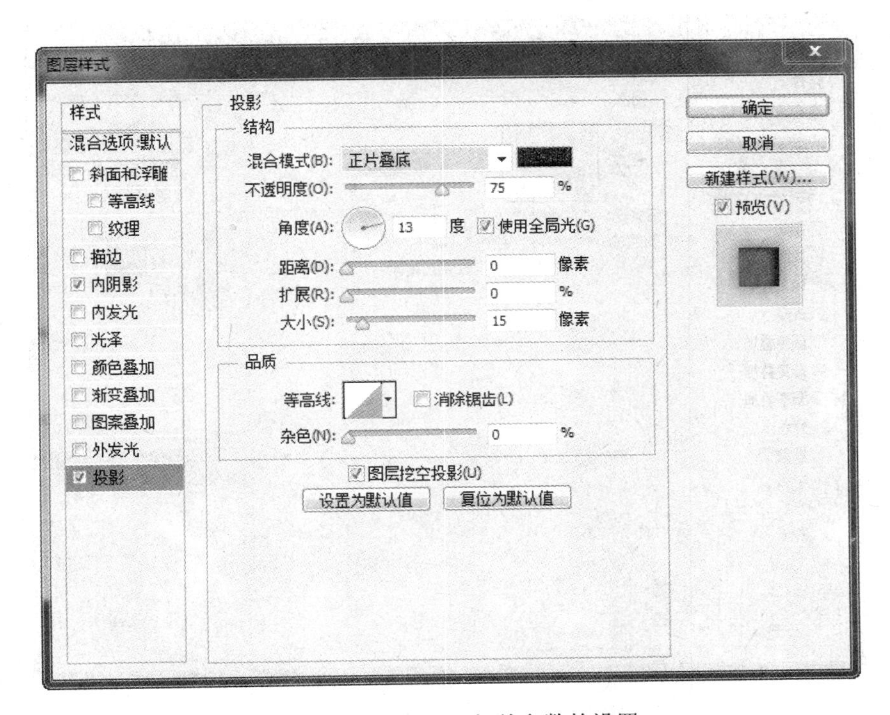

图 1-28 “内阴影”相关参数的设置

（14）选择“斜面和浮雕”复选框，相关参数的设置如图 1-29 所示。

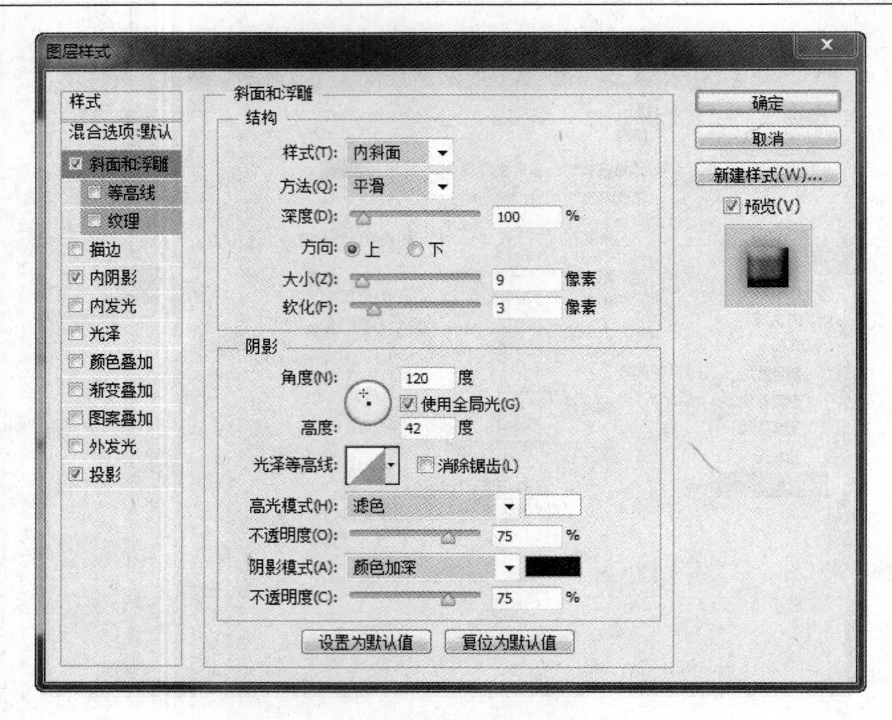

图 1-29 “斜面和浮雕”相关参数的设置

（15）选择“纹理”复选框，相关参数的设置如图 1-30 所示。

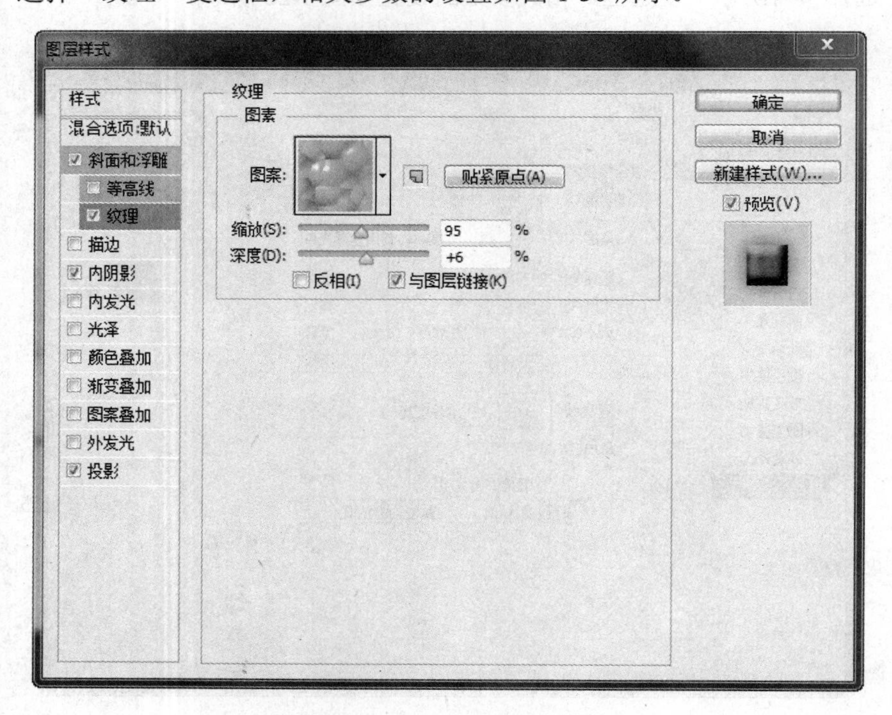

图 1-30 “纹理”相关参数的设置

（16）选择“光泽”复选框，相关参数的设置如图 1-31 所示。

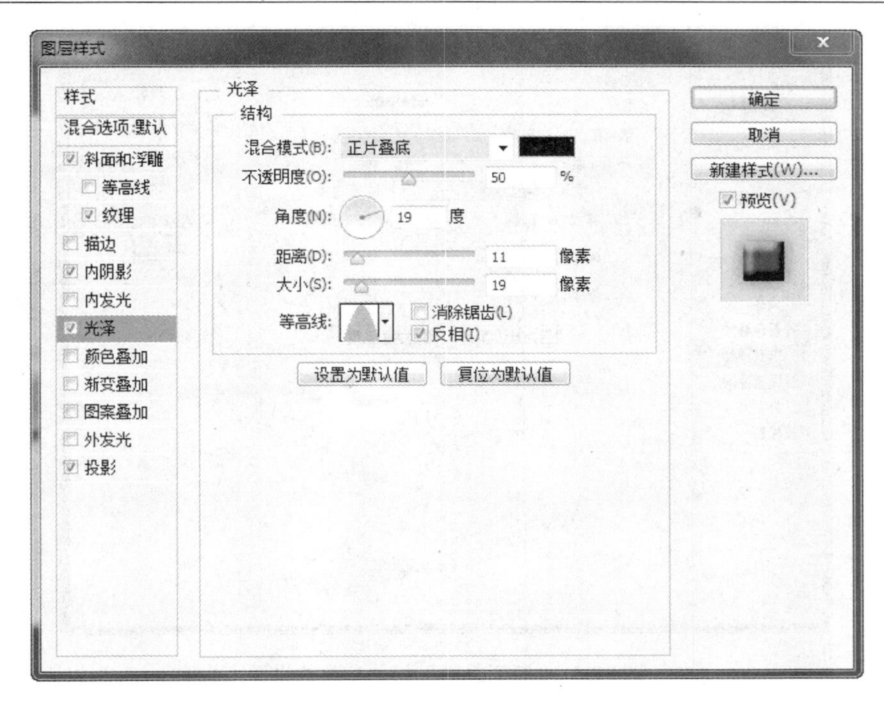

图 1-31　“光泽”相关参数的设置

（17）选择“颜色叠加”复选框，相关参数的设置如图 1-32 所示。

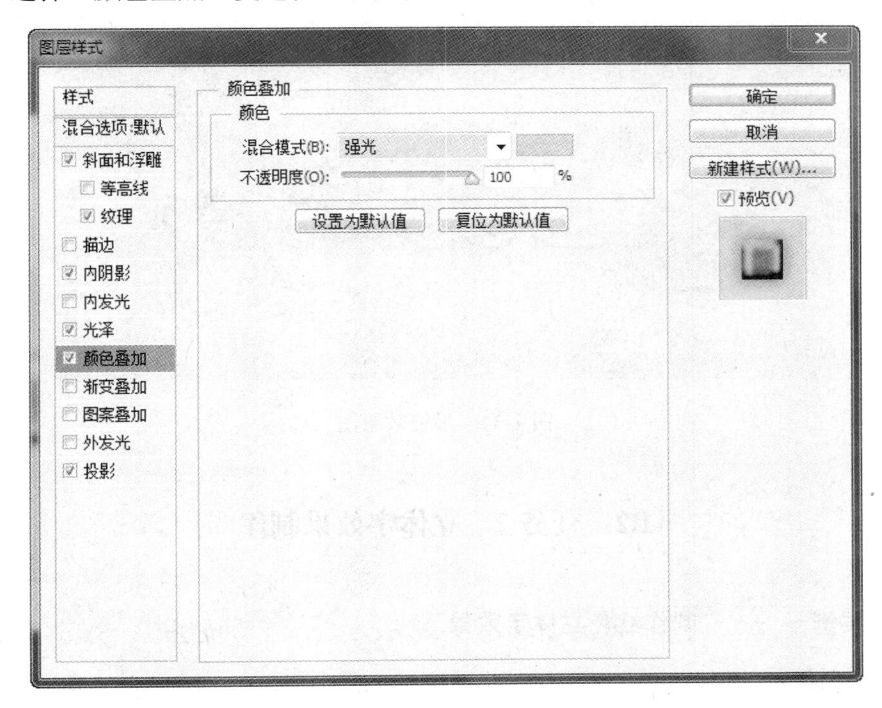

图 1-32　“颜色叠加”相关参数的设置

（18）选择“渐变叠加”复选框，相关参数的设置如图 1-33 所示。

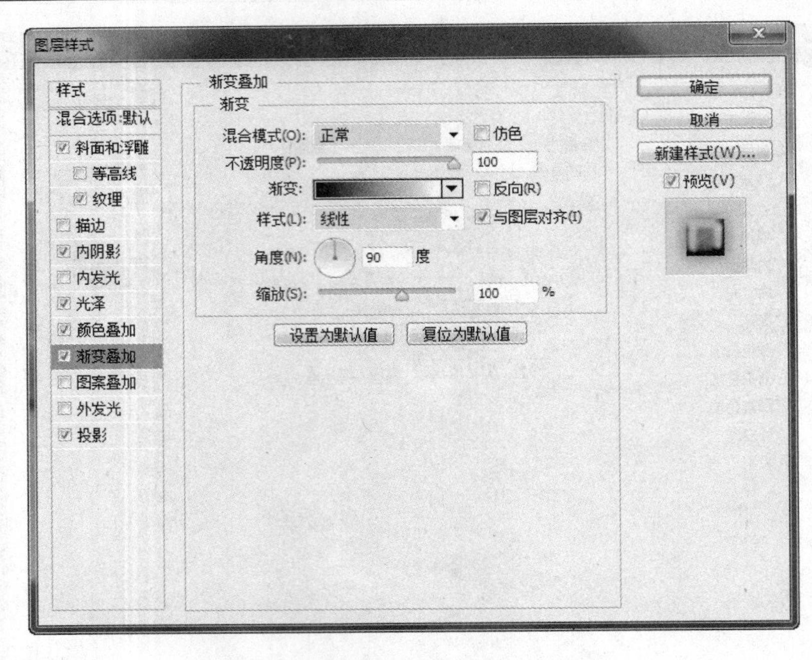

图 1-33 “渐变叠加”相关参数的设置

（19）设置完成后，单击“确定”按钮，执行“图层”→“创建剪贴蒙版”命令，最终效果如图 1-34 所示。

图 1-34 最终效果图

1.2 任务 2 立体字效果制作

1.2.1 案例一 —— 制作红色立体字效果

1. 任务描述

制作本案例时，首先新建文档并设置颜色，然后输入文字并添加图层样式，接着复制图层，最后使用心形形状在字体周围绘制出心形，并调整不透明度，此时就完成了红色立体字效果制作。

2. 能力目标

（1）能熟练运用“图层样式”进行图层设置。

（2）能熟练运用“自定义形状”工具进行效果设计。

（3）能运用“镜头光晕”命令进行图像设计。

3. 任务效果图（见图 1-35）

图 1-35　任务效果图

4. 操作步骤

（1）执行“文件”→“新建”命令，在弹出的“新建”对话框中，设置“宽度”为“500 像素”，“高度”为“400 像素”，“分辨率”为“72 像素/英寸”，如图 1-36 所示。

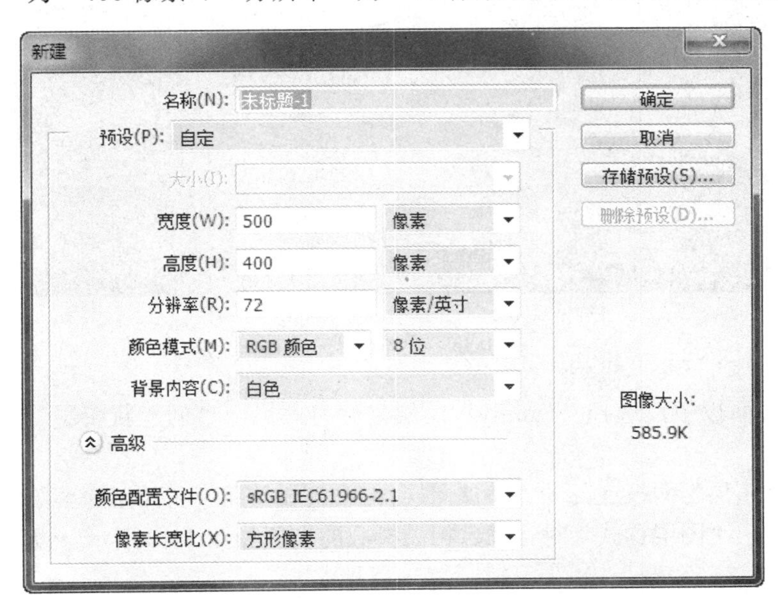

图 1-36　“新建”对话框相关参数的设置

（2）设置前景色颜色值为（R：153，G：0，B：0），单击“油漆桶”工具按钮，填充前景色，效果如图 1-37 所示。

图 1-37　颜色填充效果图

（3）单击工具箱中的“横排文字”工具按钮，在图像中输入“Family”，字体为 Tahoma，大小为 150 点，字体样式为浑厚，在属性栏中设置字体颜色为（R：186、G：20、B：37），效果如图 1-38 所示。

图 1-38　字体设置效果图

（4）在图层面板中，选择“Family”图层，并将其拖至“创建新图层”按钮上，如图 1-39 所示。

（5）单击“图层”面板底部的“添加图层样式”按钮，在弹出的菜单中选择“斜面和浮雕”选项，弹出“图层样式”对话框，相关参数的设置如图 1-40 所示，设置效果如图 1-41 所示。

图 1-39　创建新图层设置

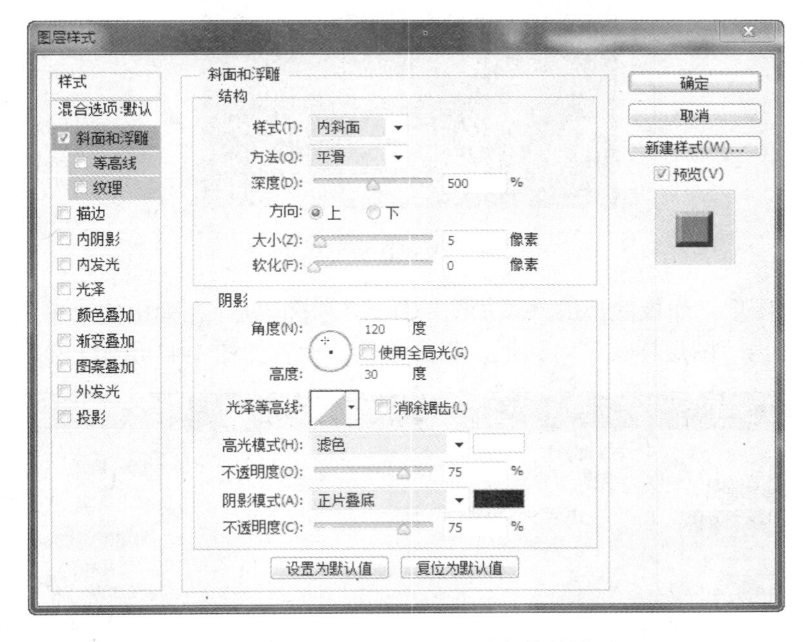

图 1-40　“斜面和浮雕”相关参数的设置

图 1-41　“斜面和浮雕”效果图

（6）选择“Family 副本”图层，按组合键 Ctrl+J 15 次，此时的“图层”面板如图 1-41 所示，将复制的图层进行合并，并拖动至 Family 图层下。

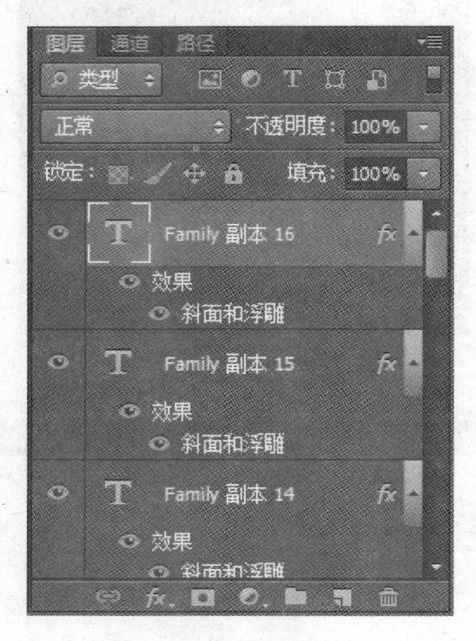

图 1-42　复制图层效果图

（7）单击“图层”面板底部的“添加图层样式” 按钮，在弹出的菜单中选择“斜面和浮雕”选项，弹出“图层样式”对话框，相关参数的设置如图 1-43 所示。

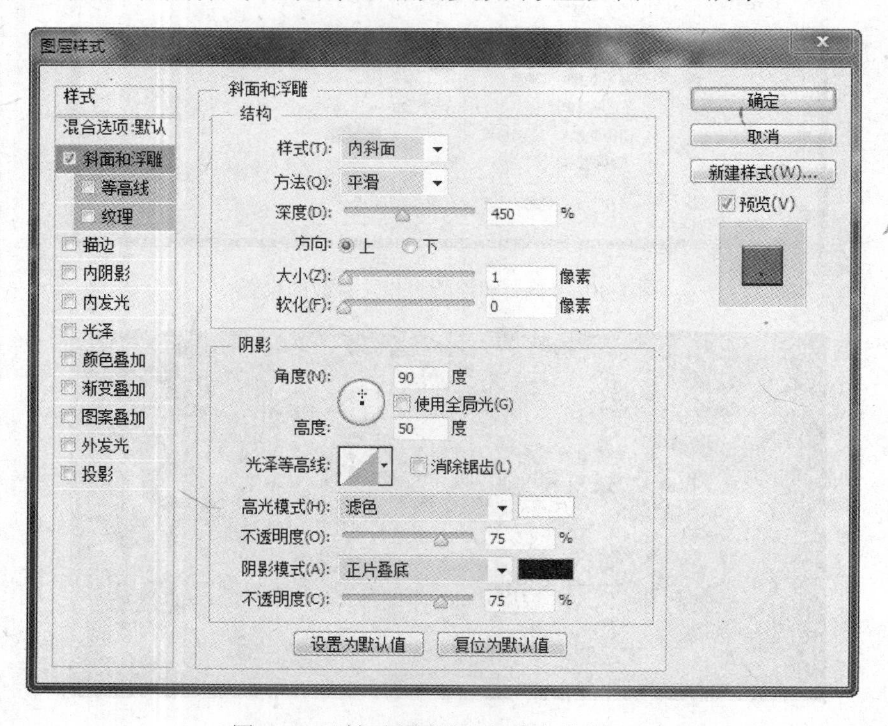

图 1-43　“斜面和浮雕”相关参数的设置

（8）选择“内阴影”复选框，相关参数的设置如图 1-44 所示。

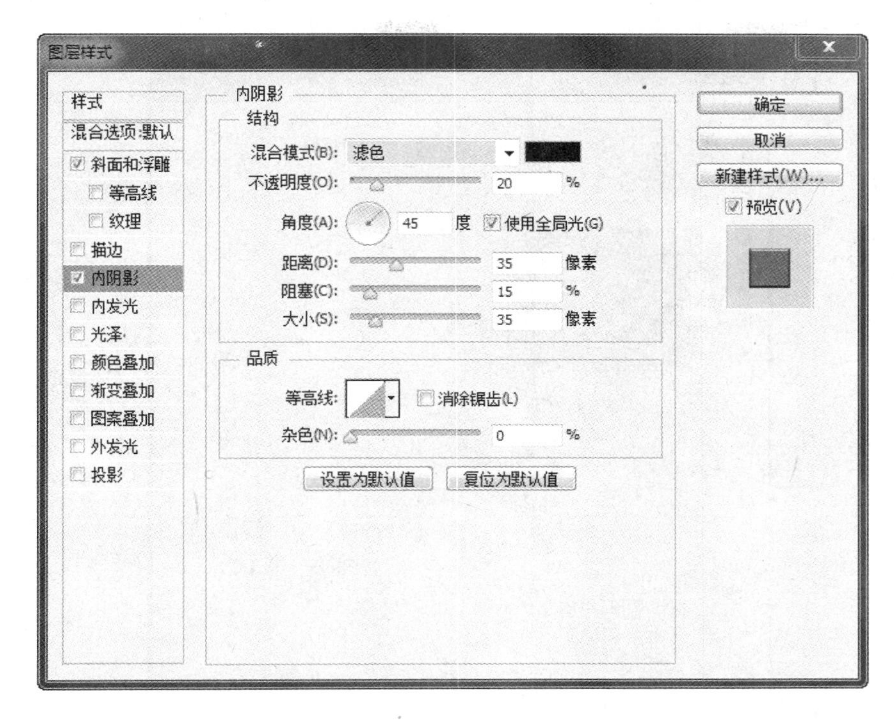

图 1-44 “内阴影”选项相关参数的设置

（9）新建图层，单击工具箱中的“自定义形状”工具按钮，在“形状”下拉面板中选择心形形状，在图像窗口中创建出心形轮廓，效果如图 1-45 所示。

图 1-45 “心形形状”效果图

（10）设置图层“不透明度”选项为“25%”，选择背景图层，执行“滤镜”→“渲染”→“镜头光晕”命令，设置“亮度”为“30%”，如图 1-46 所示。

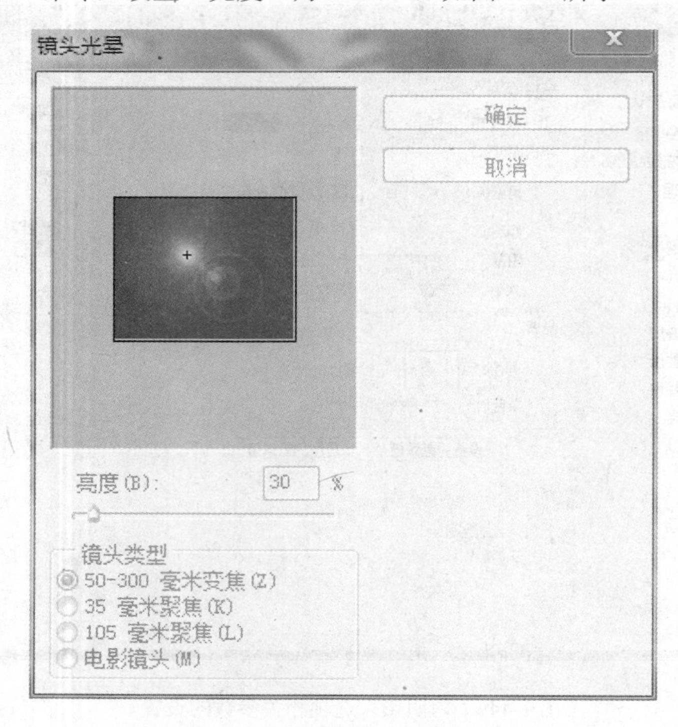

图 1-46 “镜头光晕”相关参数的设置

（11）执行“滤镜”→“渲染”→“光照效果”命令后，单击“确定”按钮，最终效果如图 1-47 所示。

图 1-47 最终效果图

1.2.2 案例二 —— 制作超炫放射字体效果

1. 任务描述

制作本案例时，首先输入文字，然后利用一系列的滤镜来制作出放射的光芒，接着调整颜色，最后设置放射的光芒颜色，此时就完成了超炫放射字体效果制作。

2. 能力目标

（1）能熟练运用“高斯模糊”命令。

（2）能熟练运用“极坐标”命令。

（3）能运用“风”命令进行图像设计。

（4）能熟练运用“图层样式”进行图层设置。

3. 任务效果图（见图 1-48）

图 1-48 任务效果图

4. 操作步骤

（1）执行“文件”→“新建”命令，在弹出的“新建”对话框中，设置“宽度”为“680 像素”，“高度”为“480 像素”，“分辨率”为“72 像素/英寸”，如图 1-49 所示。

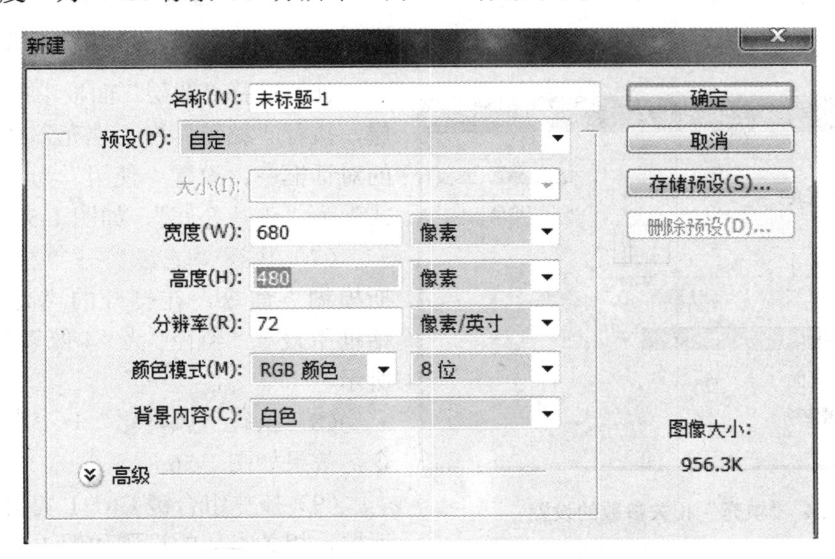

图 1-49 “新建”相关参数的设置

（2）单击工具箱中的“横排文字”工具T按钮，在图像中输入“gorgeous”，在属性栏中设置样式，为 Poplar Std、Black 和 150 点，效果如图 1-50 所示。

（3）执行“图层”→“栅格化”→“文字”命令，“图层”面板如图 1-51 所示。

图 1-50　字体设置效果图

图 1-51　“图层”面板

（4）按住 Ctrl 键单击文字图层，将文字载入选区，效果如图 1-52 所示。

（5）执行“选择”→“存储选区”命令，在打开的对话框中，单击“确定”按钮，切换到“通道”面板，便可以看到增加了 Alpha1 通道，如图 1-53 所示。

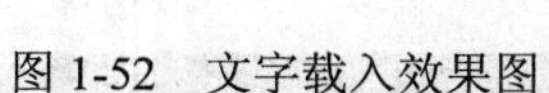

图 1-52　文字载入效果图

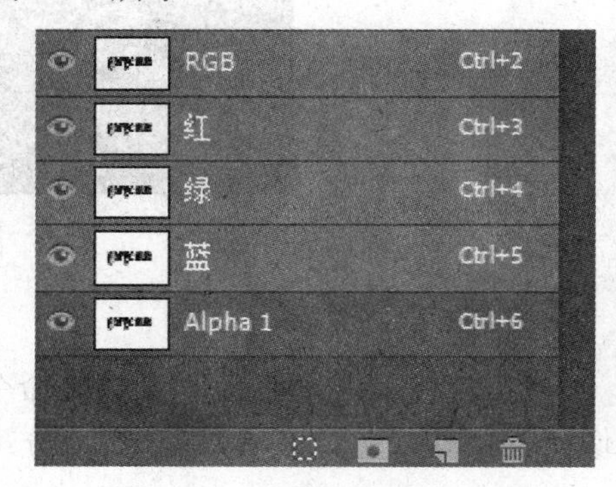

图 1-53　“通道”面板效果图

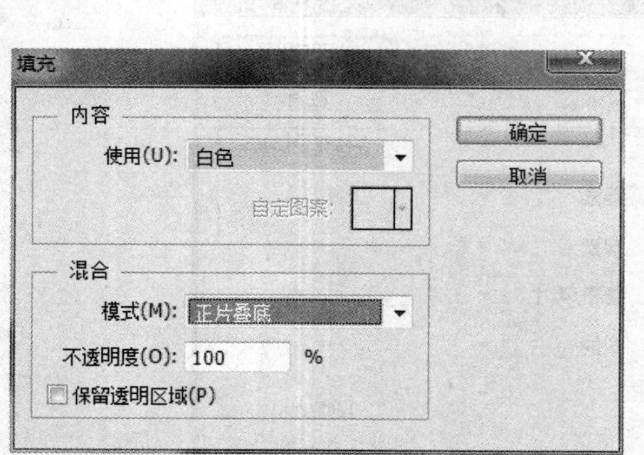

图 1-54　“填充”相关参数的设置

（6）选择“图层”面板中的 gorgeous 图层，执行“编辑”→“填充”命令，在打开的对话框中，设置“使用”为“白色”、“模式”为“正片叠底”，如图 1-54 所示。

（7）执行“滤镜”→“模糊”→“高斯模糊”命令，在打开的“高斯模糊”对话框中设置“半径”为“4 像素”，如图 1-55 所示。

（8）执行“风格化”→“曝光过度”命令，效果如图 1-56 所示。

（9）按住组合键 Ctrl+L 打开“色阶”对话框，相关参数的设置如图 1-57 所示。

（10）在“图层”面板中，复制 gorgeous 图层，“图层”面板如图 1-58 所示。

图 1-55 “高斯模糊”相关参数的设置

图 1-56 “曝光过度”效果图

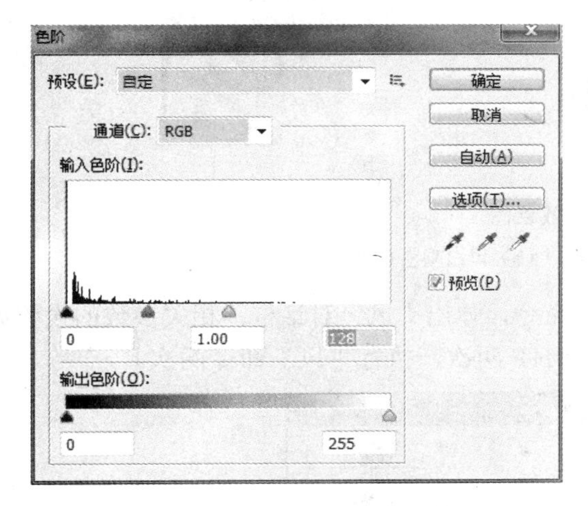

图 1-57 “色阶”相关参数的设置

图 1-58 “图层”面板

（11）选择“gorgeous 副本”图层，执行“滤镜”→“扭曲”→“极坐标”命令，效果如图 1-59 所示。

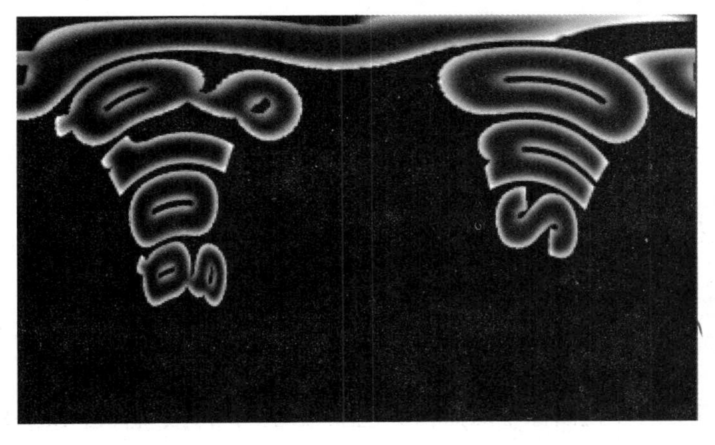

图 1-59 “极坐标”效果图

（12）执行“图像”→“图像旋转”→“90°（顺时针）”命令，效果如图 1-60（a）所示，按组合键 Ctrl+I 使图像中的黑白颜色互换，效果如图 1-60（b）所示。

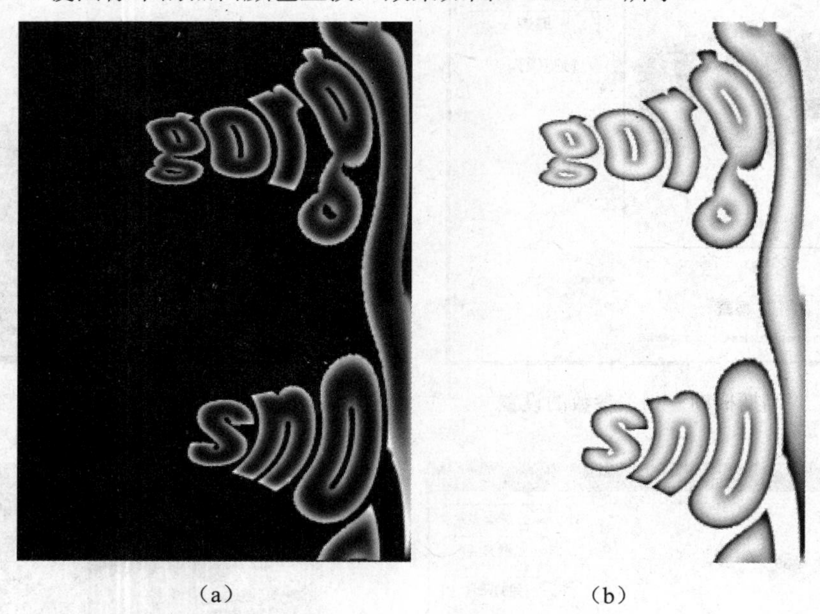

（a）　（b）

图 1-60　效果图

（a）90°（顺时针）旋转；（b）黑白颜色互换

（13）执行“滤镜”→“风格化”→“风”命令，弹出“风”对话框，相关参数的设置如图 1-61 所示，单击“确定”按钮，按组合键 Ctrl+F 两次，执行“风”命令两次。

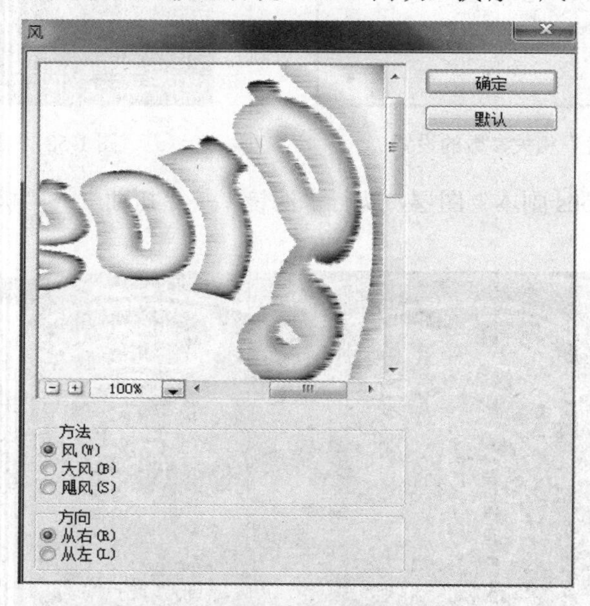

图 1-61　“风”相关参数的设置

（14）按组合键 Ctrl+I 使图像中的黑白颜色互相调换，再按组合键 Ctrl+F 3 次，效果如图 1-62 所示。

（15）按组合键 Shift+Ctrl+L 使用“自动色调”命令调整图像，效果如图 1-63 所示。

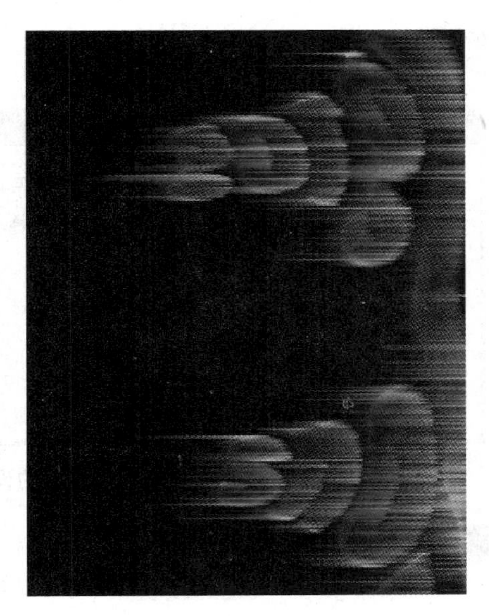

图 1-62 效果图

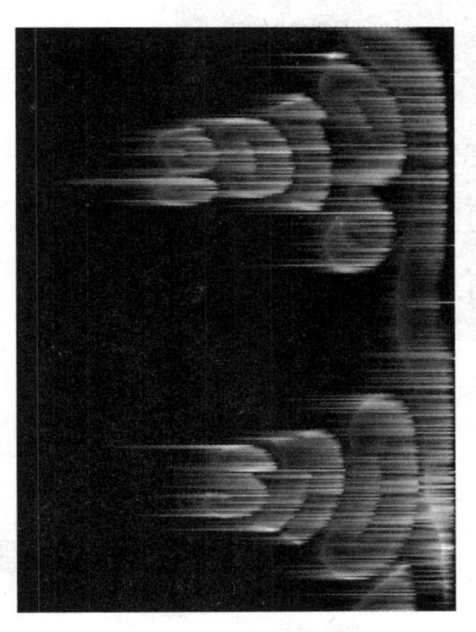

图 1-63 “自动色调”效果图

（16）执行“图像”→“图像旋转”→“90 度（逆时针）”命令，效果如图 1-64 所示。

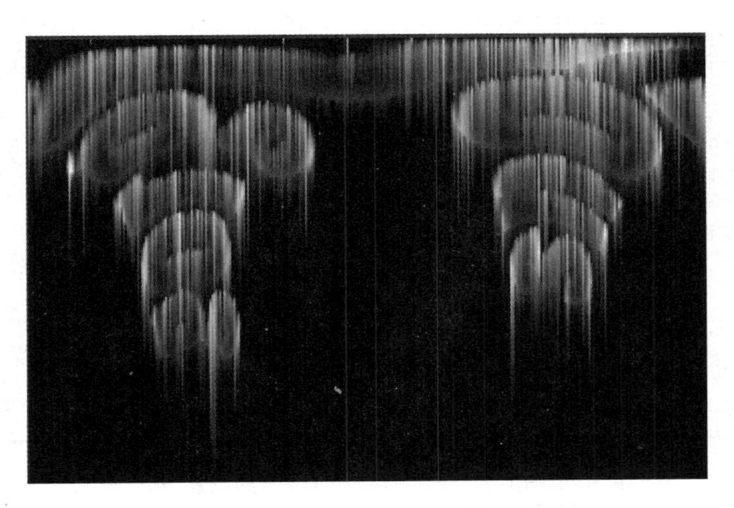

图 1-64 “90 度（逆时针）旋转”效果图

（17）执行“滤镜”→“扭曲”→“极坐标”命令，在打开的“极坐标”对话框中，单击“平面坐标到极坐标”单选按钮，如图 1-65 所示。

（18）在“图层”面板中，设置“gorgeous 副本”图层的混合模式为“滤色”，单击“图层”面板底部的“创建新的填充或调整图层”按钮，在打开的菜单中选择“渐变”选项，在打开的“渐变填充”对话框中选择“红、绿渐变”样式，如图 1-66 所示。

（19）在“图层”面板中，设置“渐变填充 1”图层的混合模式为“颜色”，如图 1-67 所示，最终效果如图 1-68 所示。

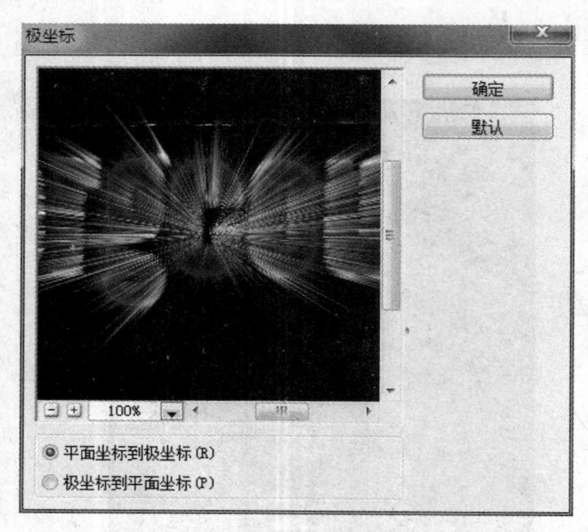

图 1-65　“极坐标”相关参数的设置

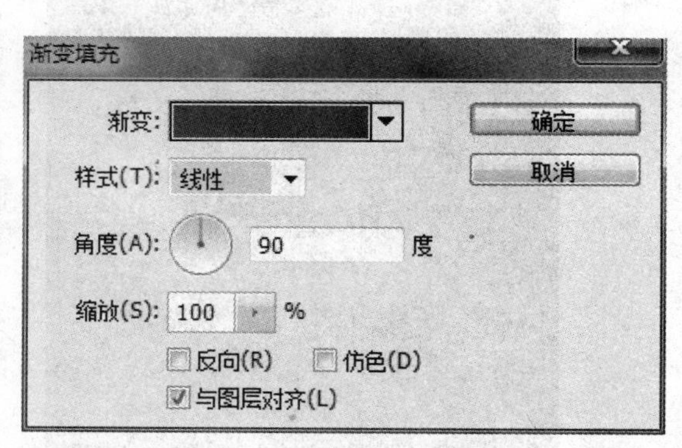

图 1-66　“红、绿渐变”样式相关参数的设置

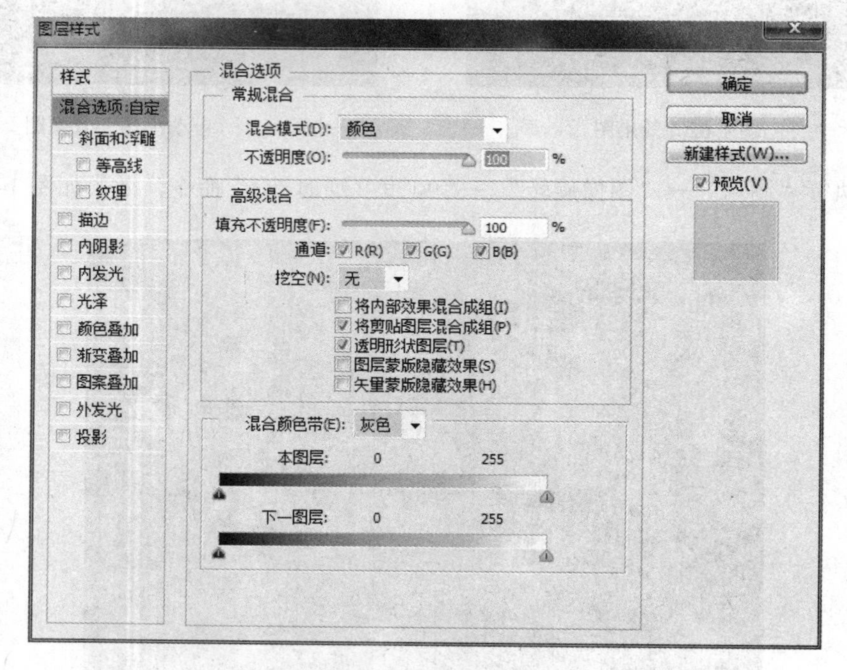

图 1-67　图层样式相关参数的设置

图 1-68　最终效果图

1.3 实践模式——设计并制作彩块字体效果

1.3.1 技巧点拨

制作本实例时，首先使用“渐变”工具制作出背景色，然后输入文字并对文字进行描边，接着使用滤镜中的“彩色玻璃”命令制作出彩块的轮廓，并填充不同的颜色，最后复制字体图层并进行垂直翻转，此时就完成了彩块字体效果的制作，最终效果如图 1-69 所示。

图 1-69 最终效果图

1.3.2 实际操作

（1）执行“文件”→“新建”命令，在弹出的“新建”对话框中，设置“宽度”为“680 像素”，“高度”为“480 像素”，“分辨率”为“72 像素/英寸”。

（2）设置前景色为（R：255，G：255，B：204）、背景色为（R：255，G：204，B：102），单击工具箱中的“渐变”工具按钮，单击属性栏中的色块打开“渐变编辑器”窗口，选择“前景色到背景色渐变”填充方式，在图像窗口中拖动鼠标，为“背景”图层填充渐变色。

（3）选择工具栏中的“横排文字”工具，输入“Colour”，在属性栏中设置字体颜色为白色，字体样式为 Tiger、Regular、180 点、浑厚。

（4）单击“添加图层样式”按钮，选择“描边”选项，在打开的对话框中设置“大小”为“2 像素”。

（5）执行“图层”→“栅格化”→“文字”命令，接着执行“滤镜”→“纹理”→“彩色玻璃”命令，在打开的对话框中设置相关参数，“染色玻璃”，单元格大小为“12”，边框粗细为“3”，光照强度为“1”。

（6）选择工具箱中的“油漆桶”工具，设置前景色为（R：255，G：51，B：51），填充字体为红色，设置前景色为（R：255，G：153，B：51），填充字体为橙色。

（7）设置前景色为（R：102，G：204，B：153），填充字体为绿色，设置前景色值为（R：51，G：153，B：255），填充字体为蓝色。

（8）设置前景色为（R：153，G：0，B：204），填充字体为紫色，设置前景色为（R：255，G：204，B：255），填充字体为粉红色。

（9）字体颜色填充完毕后，在“图层”面板中将Colour图层拖动至“创建新图层”按钮上，得到“Colour副本”图层。

（10）执行“编辑”→“变换”→“垂直翻转”命令，单击工具箱中的“移动”工具按钮，将垂直翻转的图像移动至字体下方。

（11）执行“编辑”→“变换”→“透视”命令，拖动图像周围的控制点，将图像进行透视变换。

（12）在“图层”面板中，设置“Colour副本”图层的“不透明度”为“25%”。

1.4 知识点练习

一、填空题

1．使黑白颜色互换的工具组合键是＿＿＿＿＿＿＿＿＿＿。

2．图像分辨率的单位是＿＿＿＿＿＿＿＿＿＿。

3．在Photoshop中，创建新图像文件的组合键是＿＿＿＿＿＿＿＿＿＿。

二、选择题

1．在Photoshop中，（　　）滤镜可以使图像中过于清晰或对比度过于强烈的区域，产生模糊效果，也可用于制作柔和阴影。

A．渲染　　B．画笔描边　　C．模糊　　D．风格化

2．下面对“模糊”工具功能的描述中正确的是（　　）。

A．“模糊”工具只能使图像的一部分边缘模糊

B．“模糊”工具的强度是不能调整的

C．“模糊”工具可降低相邻像素的对比度

D．如果在有图层的图像上使用“模糊”工具，只有所选中的图层才会起变化

3．下面可以减少图像饱和度的工具是（　　）。

A．“加深”工具　　B．“锐化”工具（正常模式）

C．“海绵”工具　　D．“模糊”工具（正常模式）

4．使用“云彩”滤镜时，在按住（　　）键的同时选取“云彩”命令，可生成对比度更明显的云图案。

A．Alt　　B．Ctrl　　C．Ctrl+Alt　　D．Shift

5．下面（　　）滤镜可以用来去掉扫描的照片上的斑点，使图像更清晰化。

A．模糊—高斯模糊　　B．艺术效果—海绵

C．杂色—去斑　　D．素描—水彩画笔

三、判断题

1．“色彩范围”命令用于选取整个图像中的相似区域。（　　）

2．保存图像文件的组合键是Ctrl+D。（　　）

3．在拼合图层时，会将暂不显示的图层全部删除。（　　）

项目2　图像特效制作

在数码照片修饰行业中，对人物的修饰是主要的修饰元素，随着照片修饰行业的不断发展，已经可以与现实生活中的化妆相提并论。因此就更加不容忽视对人物的修饰工作，人物照片的修饰主要是对头发、面部、腰部和腿部等不同细节部分的修饰，如上妆、头发上色和使体形变美等。

2.1　任务1　人物图片效果制作

2.1.1　案例一 —— 为人物头发变换颜色

1. 任务描述

本案例主要通过"羽化"和"叠加"混合模式完成案例的制作。"羽化"是通过建立选区和选取周围像素之间的转换边界来模糊边缘的，这种模糊方式将丢失选区边缘的一些图像细节。

2. 能力目标

（1）能熟练运用"套索"工具进行绘图区域选取。

（2）能熟练运用"羽化选区"工具对图像进行效果设计。

（3）能运用"叠加"模式进行图像设计。

3. 任务效果图（见图2-1）

4. 操作步骤

（1）启动Photoshop CS6，打开素材库中的"2-1"素材照片，如图2-2所示。

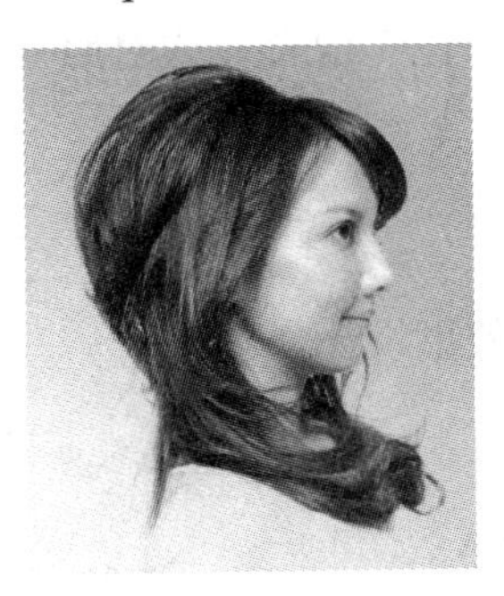

图2-1　任务效果图

图2-2　"素材—人物头发"素材照片

（2）使用"磁性套索"工具在人物头发处绘制选区，如图2-3所示。复制"背景"图层，得到“背景副本”图层。

（3）执行“选择”→“修改”→“羽化”命令，弹出“羽化选区”对话框，在该对话框中进行参数设置，如图 2-4 所示。

图 2-3 “磁性套索”工具绘制选区

图 2-4 “羽化选区”相关参数的设置

（4）新建“图层 1”，设置“前景色”为 RGB（184、115、51），按组合键 Alt+Delete 填充颜色，按组合键 Ctrl+D 取消选区，如图 2-5 所示。

（5）设置“图层 1”的“混合模式”为“叠加”，如图 2-6 所示。

（6）完成该案例的制作，得到最终效果，如图 2-7 所示。执行“文件”→“保存”命令，保存文件名为“为人物头发变换颜色”。

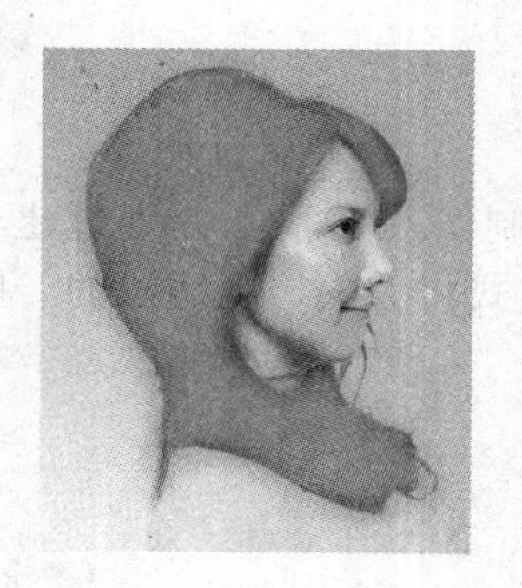

图 2-5 颜色填充效果图

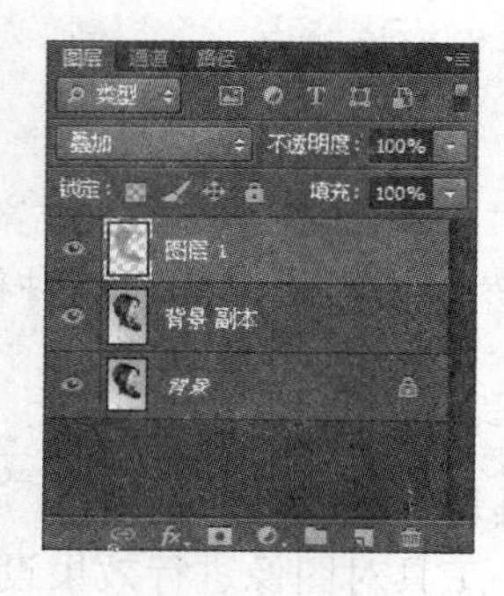

图 2-6 “混合模式”设为“叠加”

图 2-7 最终效果图

2.1.2 案例二 —— 去除人物脸部雀斑、眼袋

1. 任务描述

本案例中的制作主要有两部分，首先是通过“滤色”混合模式对照片进行提亮，其次就是使用“修复画笔”工具对雀斑进行去除。

2. 能力目标

（1）能熟练运用“滤色”混合模式工具。

（2）能熟练运用“修复画笔”工具对图像进行效果设计。

（3）能运用“盖印图层”进行图像设计。

3. 任务效果图（见图 2-8）

4. 操作步骤

（1）启动 Photoshop CS6，打开素材库中的“2-2”素材照片，如图 2-9 所示。复制“背景”图层，得到“背景副本”图层。

（2）设置“背景副本”图层的“混合模式”为“滤色”，得到照片效果。按组合键 Shift+Ctrl+Alt+E 盖印图层，得到“图层 1”，如图 2-10 所示。

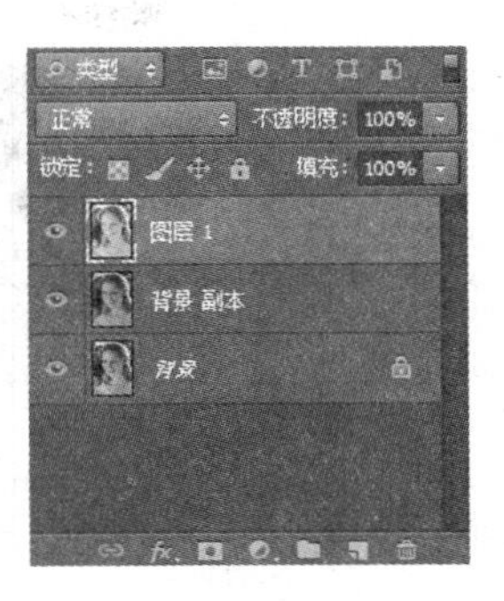

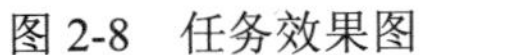
图 2-8 任务效果图

图 2-9 “素材—人物脸部”素材照片

图 2-10 图层设置

（3）使用“修复画笔”工具按住 Alt 键，在人物脸部无瑕疵的皮肤处单击，进行取样，在人物脸部雀斑处进行涂抹，将脸部雀斑去除，使用相同方法，对其他部位雀斑进行清除，效果如图 2-11 所示。

（4）完成该案例操作，得到最终效果，保存文件，取名为“去除人物脸部雀斑”，并对调整前后图片进行对比，如图 2-12 所示。

图 2-11 使用“修复画笔”工具效果图

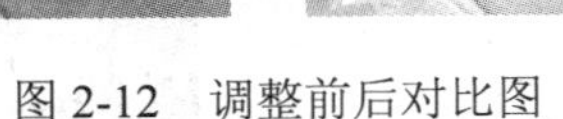
图 2-12 调整前后对比图

2.1.3 案例三 —— 为美女添加金色丝带

1. 任务描述

本案例主要通过“混合器画笔”工具绘制金色丝带，在这个制作过程中，通过对该工具的“画笔”面板中相关选项参数进行设置，得到满意的画笔效果。“混合器画笔”工具可以模拟真实的绘画技术（如混合画布颜色和使用不同的绘画湿度）。

2. 能力目标

（1）能熟练运用“混合器画笔”工具进行效果设计。

（2）能熟练运用“画笔”面板工具对图像进行效果设计。

（3）能运用“描边路径”模式进行图像设计。

3. 任务效果图（见图 2-13）

4. 操作步骤

（1）启动 Photoshop CS6，打开素材库中的“2-3”素材照片，如图 2-14 所示。

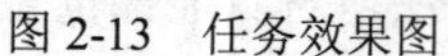

图 2-13 任务效果图

图 2-14 “素材—为美女添加金色丝带”素材照片

（2）设置“前景色”为 RGB（250、230、0），“背景色”为 RGB（255、0、0），使用“混合器画笔”工具，在“选项”栏上单击小三角按钮，打开“画笔预设”选取器，选择相应画笔，如图 2-15 所示。

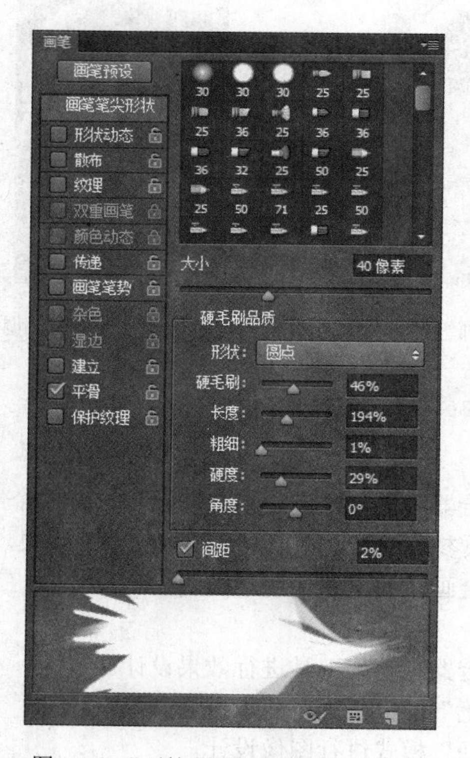

图 2-15 “画笔预设”相关参数的设置

（3）执行“窗口”→“画笔”命令，打开“画笔”面板，设置笔尖形状，在“选项”栏上进行设置，如图 2-16 所示。

40　潮湿，浅混合　潮湿：50%　载入：50%　混合：0%　流量：100%

图 2-16　“选项”栏相关参数的设置

（4）新建“图层 1”，分别使用“前景色”和“背景色”进行绘制，制作出画笔的混合样式，效果如图 2-17 所示。

（5）画笔混合样式设置完成后，在“选项”栏上“当前画笔载入”按钮的左侧会出现该画笔样式的预览效果，使用“矩形选框”工具在画布中绘制选区，如图 2-18 所示。

图 2-17　画笔的混合样式效果图

图 2-18　绘制选区

（6）按 Delete 键删除“图层 1”中的图像，如图 2-19 所示。

（7）按组合键 Ctrl+D 取消选区，使用“钢笔”工具在画布中绘制路径，如图 2-20 所示。

图 2-19　删除“图层 1”中的图像

图 2-20　绘制路径

（8）执行“窗口”→“路径”命令，打开“路径”面板，双击“工作路径”名称，弹出“存储路径”对话框，对路径进行重命名，如图 2-21 所示。

（9）单击“确定”按钮存储路径，在“路径 1”名称处右击，在弹出的菜单中选择“描边路径”命令，弹出“描边路径”对话框，选择相应的工具，如图 2-22 所示。

（10）单击“确定”按钮，对路径进行描边，如图 2-23 所示。

图 2-21 “存储路径”重命名为“路径 1”

图 2-22 “描边路径”对话框

图 2-23 路径描边效果图

（11）复制“图层 1”得到“图层 1 副本”，执行“编辑”→“自由变换”命令，调整图像大小，并移动到合适位置。使用相同的方法，复制多个图像，并适当进行变换，如图 2-24 所示。

（12）完成操作，得到最终效果图，如图 2-25 所示。

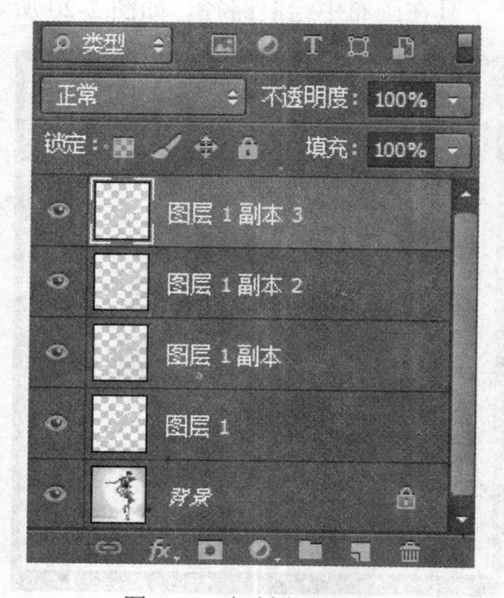

图 2-24 复制多个图像

图 2-25 最终效果图

2.2 任务2 自然景色图片效果设计

2.2.1 案例一 —— 矫正倾斜的景物

1. 任务描述

在本案例的制作过程中，关键的一步就是使用“标尺”工具绘制出倾斜线段，然后通过其他辅助工具进行调整。“标尺”工具可准确定位图像或元素。标尺工具可计算工作区内任意两点之间的距离。

2. 能力目标

（1）能熟练运用“标尺”工具进行绘图区域绘制。

（2）能熟练运用“旋转画布”工具对图像进行效果设计。

（3）能运用“裁剪”工具进行图像裁剪。

3. 任务效果图（见图2-26）

图2-26 任务效果图

4. 操作步骤

（1）启动Photoshop CS6，打开素材库中的“2-4”素材照片，如图2-27所示。

（2）使用“标尺”工具在画布中原本水平的位置绘制度量线，如图2-28所示。

（3）执行“图像”→“图像旋转”→“任意角度”命令，弹出“旋转画布”对话框，在该对话框中会自动显示需要的旋转参数，如图2-29所示。

（4）单击“确定”按钮，对照片进行旋转操作，如图2-30所示。

（5）执行“视图”→“标尺”命令，将标尺显示，并在标尺中拖出参考线，效果如图2-31所示。

（6）使用“裁剪”工具，沿参考线位置绘制裁剪框，并进行裁剪，效果如图2-32所示。

图 2-27 “素材—帆船”素材照片

图 2-28 使用“标尺”工具画水平线

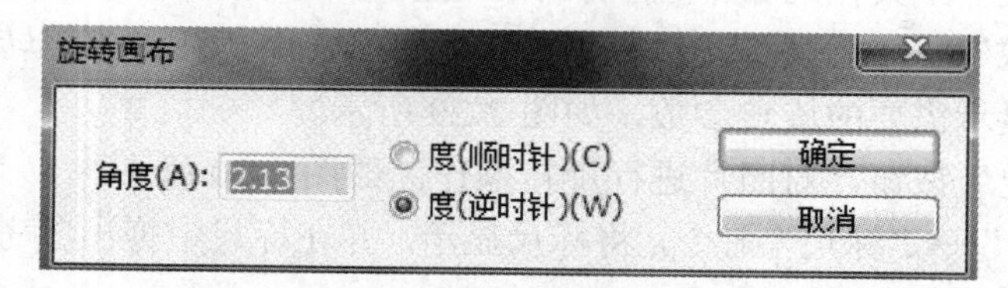

图 2-29 “旋转画布”旋转参数的设置

图 2-30 旋转效果图

图 2-31 “标尺”效果图

图 2-32 “裁剪”效果图

（7）完成该案例的操作，保存文件为“校正倾斜的景物”。

2.2.2 案例二 —— 改变动物姿势

1. 任务描述

在本案例中的操作过程中主要的难点是“操控变形”命令的使用，“操控变形”命令提供了一种可视的网格，借助该网格，可以在随意扭曲特定图像区域的同时，保持其他区域不变。

2. 能力目标

（1）能熟练运用“操控变形”命令。

（2）能熟练运用“内容识别填充”命令。

（3）能熟练运用“仿制图章”工具。

3. 任务效果图（见图 2-33）

图 2-33 任务效果图

4. 操作步骤

（1）启动 Photoshop CS6，打开“2-5”素材照片，如图 2-34 所示。

图 2-34 “素材—长颈鹿”素材照片

（2）使用“快速选择”工具在长颈鹿上绘制选区，如图 2-35 所示。按组合键 Ctrl+J 通过复制选区内容，得到“图层 1”。

（3）按 Ctrl 键单击“图层 1”的缩览图，载入选区，执行“编辑”→“操作变形”命令，将选区内容以网格形式显示，如图 2-36 所示。

图 2-35 使用“快速选择”工具绘制选区

图 2-36 选区内容以网格显示

（4）在网格区域中单击，添加图钉，如图 2-37 所示。

（5）单击需要调整的图钉并进行拖拽，使长颈鹿的脖子弯曲，如图 2-38 所示。

图 2-37 添加图钉效果图

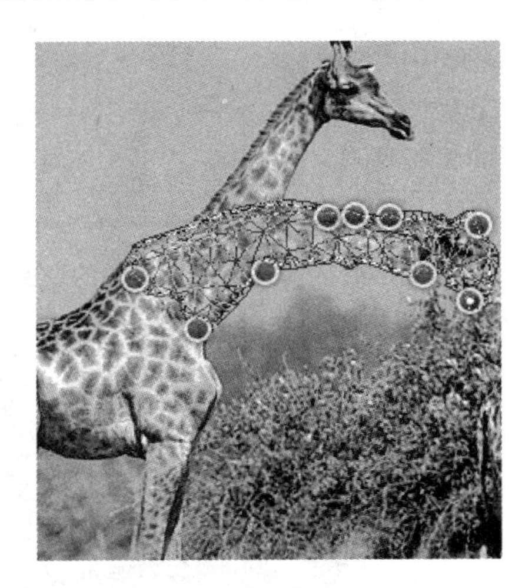

图 2-38 调整图钉效果图

（6）按 Enter 键确认，按组合键 Ctrl+D 取消选区，得到的效果如图 2-39 所示。

（7）选择“背景”图层，使用“套索”工具在画布中绘制选区，如图 2-40 所示。

（8）执行“编辑”→“填充”命令，弹出“填充”对话框，在该对话框中进行设置，如图 2-41 所示。单击“确定”按钮，进行内容识别填充，取消选区，效果如图 2-42 所示。

（9）使用“仿制图章”工具，按住 Alt 键的同时，在天空处单击取样，松开 Alt 键在瑕疵处涂抹。得到最终效果图，如图 2-43 所示。保存为“改变动物姿势”。

图 2-39 效果图

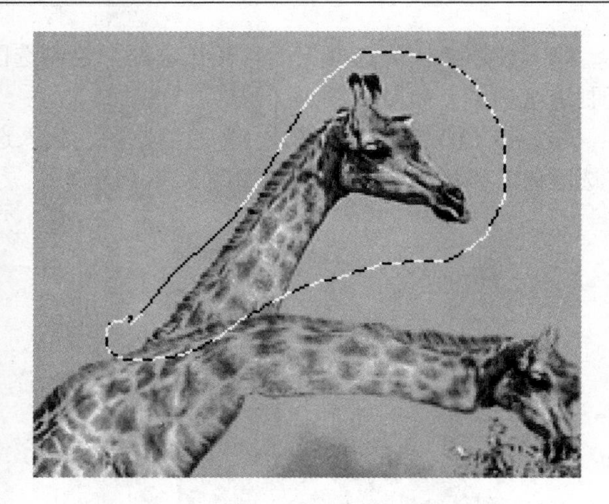

图 2-40 “套索”工具绘制选区

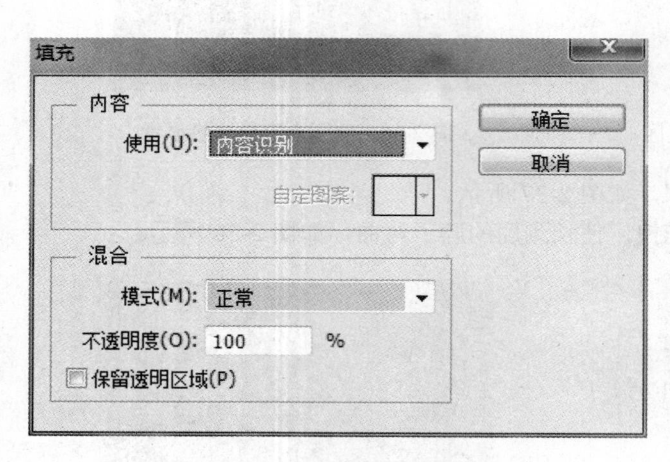

图 2-41 “填充”相关参数的设置

图 2-42 效果图

图 2-43 最终效果图

2.3 实践模式——去除照片中的日期

2.3.1 技巧点拨

制作本实例主要是要熟练运用“仿制图章”工具，抹去图片中的日期，使图片看起来自然美观，素材2-6及最终效果如图2-44和图2-45所示。

图2-44 素材2-6

图2-45 最终效果图

2.3.2 实际操作

（1）打开素材文件，将“背景”图层拖拽到“创建新图层”按钮上，得到“背景副本”图层。

（2）使用“仿制图章”工具在图像中相似部分按住Alt键的同时单击，吸取图样，松开Alt键在日期上涂抹。

（3）使用相同方法，在其他数字上进行涂抹，将日期去除，完成实例操作，保存文件。

2.4 知识点练习

一、填空题

1．图像分辨率的单位是________________。

2．在套索工具中包含的套索类型有________________。

3．使用钢笔工具可以绘制最简单的线条是________________。

二、选择题

1．要使某图层与其下面的图层合并可按的组合键是（　　）。

A．Ctrl＋K　　B．Ctrl＋D　　C．Ctrl＋E　　D．Ctrl＋J

2．在 Photoshop 中，切换屏幕模式的快捷键是（　　）。

A．Tab　　B．F　　C．Shift+f　　D．Shift+Tab

3．当编辑图像时，使用减淡工具可以达到的目的是（　　）。

A．使图像中某些区域变暗　　B．删除图像中的某些像素

C．使图像中某些区域变亮　　D．使图像中某些区域的饱和度增加

4．可以减少图像的饱和度的工具是（　　）。

A．加深工具

B．减淡工具

C．海绵工具

D．任何一个在选项调板中有饱和度滑块的绘图工具

5．可以选择连续的相似颜色的区域的工具是（　　）。

A．矩形选择工具　　B．椭圆选择工具

C．魔术棒工具　　D．磁性套索工具

三、问答题

1．什么是盖印图层？

2．如何使用钢笔工具绘制多条开放路径？

3．关于“仿制图章”工具的组合键有哪些？

项目3　数码图片处理

对于大多数摄影爱好者来说，摄影是一门艺术，不太容易在短时间内掌握，但却可以使用 Photoshop 对摄影作品进行颠覆性地再次创作，而这在传统摄影中是很难做到的。下面就一起领略 Photoshop 对数码照片进行处理的神奇魅力吧。

3.1　任务1　制作唯美艺术照1

3.1.1　案例一 —— 调色与瘦身

1. 任务描述

本案例中的图像整体偏暗，可使用“曲线”、“色彩平衡”、“可选颜色”命令调整图像的色调，使图像效果变亮，再使用“液化”工具对人物进行瘦身处理。

2. 能力目标

（1）能熟练运用“曲线”命令进行效果设计。

（2）能熟练运用“色彩平衡”命令对图像进行色彩效果设计。

（3）能运用“可选颜色”命令调整图像的色调。

3. 任务效果图（见图 3-1）

图 3-1　任务效果图

4. 操作步骤

（1）启动 Photoshop CS6，打开素材库中的照片“3-1”，如图 3-2 所示。

图 3-2 素材—唯美艺术照

（2）创建一个图层组，并命名为“调色”，单击“背景”图层，按组合键 Ctrl+J 复制到新建的图层中，如图 3-3 所示。

（3）执行“图像”→“调整”→“曲线”命令，打开“曲线”对话框，在“输入”文本框中输入“78”，在“输出”文本框中输入“102”，如图 3-4 所示，输入完成后，单击“确定”按钮，效果如图 3-5 所示。

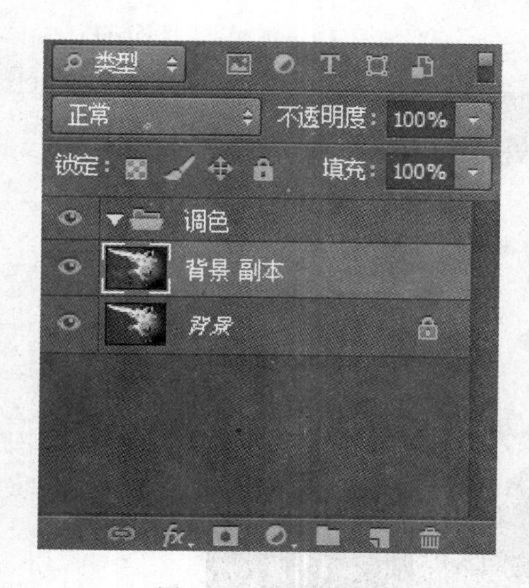

图 3-3 创建图层组

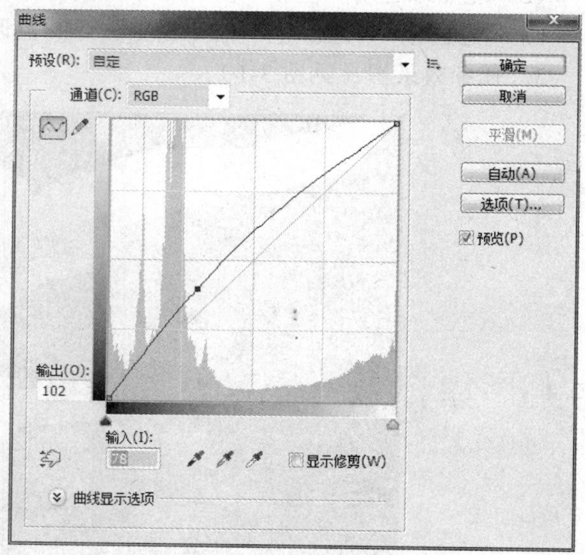

图 3-4 “曲线”相关参数的设置

图 3-5 “曲线”效果图

（4）执行“图像”→“调整”→“色彩平衡”命令，弹出“色彩平衡”对话框，选择“高光”单选按钮，相关参数的设置如图 3-6 所示。

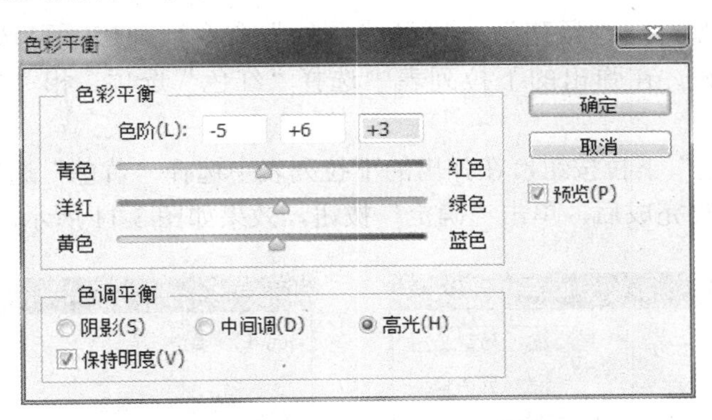

图 3-6 “色彩平衡”“高光”相关参数的设置

（5）设置完成后，单击“确定”按钮，关闭对话框，再次打开“色彩平衡”对话框，选择“阴影”单选按钮，相关参数的设置如图 3-7 所示。

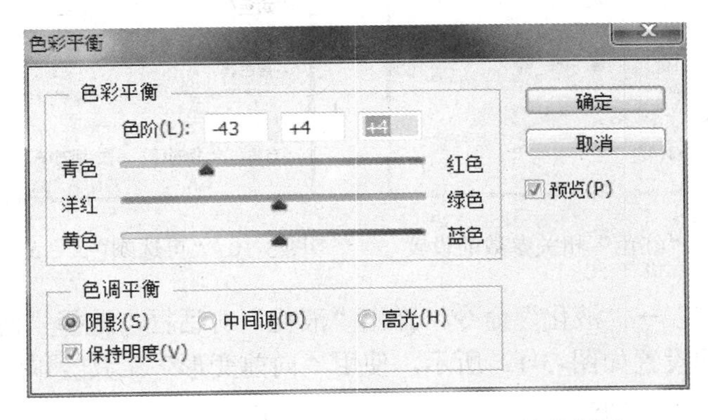

图 3-7 “色彩平衡”“阴影”相关参数的设置

（6）设置完成后，单击“确定”按钮，退出对话框，效果如图 3-8 所示。

图 3-8 效果图

（7）执行“图像”→“调整”→“可选颜色”命令，弹出“可选颜色”对话框，单击“颜色”下拉按钮，在弹出的下拉列表中选择“红色”选项，相关参数的设置如图 3-9 所示。

（8）单击“颜色”下拉按钮，在弹出的下拉列表中选择“黄色”选项，相关参数的设置如图 3-10 所示，设置完成后，单击“确定”按钮，效果如图 3-11 所示。

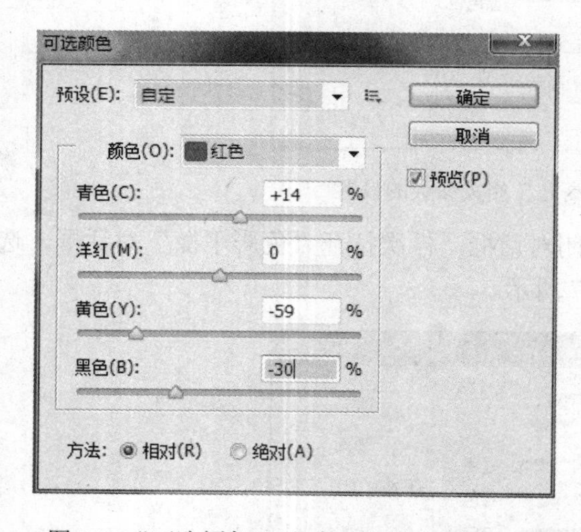

图 3-9 “可选颜色”“红色”相关参数的设置

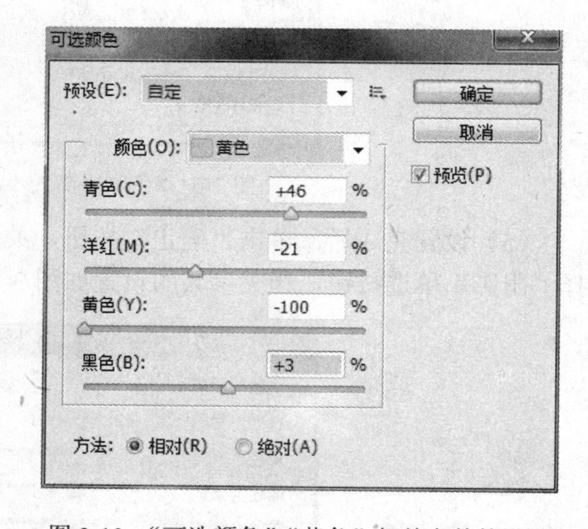

图 3-10 “可选颜色”“黄色”相关参数的设置

（9）执行“滤镜”→“液化”命令，弹出“液化”对话框，选择“向前变形”工具按钮，画笔相关参数的设置如图 3-12 所示，使用“向前变形”工具向内拖动鼠标对腿部进行瘦身，效果如图 3-13 所示。

图 3-11 效果图

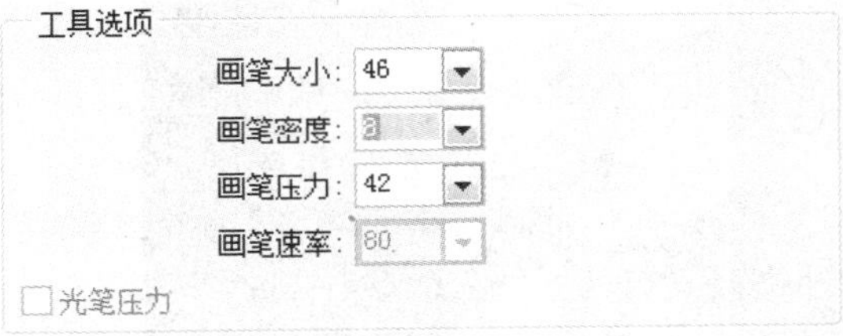

工具选项

画笔大小：46

画笔密度：3

画笔压力：42

画笔速率：80

光笔压力

图 3-12 工具选项相关参数的设置

图 3-13 瘦腿效果图

（10）设置完成后，单击“确定”按钮，最终效果如图 3-14 所示。

图 3-14 最终效果图

3.1.2 案例二 —— 制作背景

1. 任务描述

对人物进行调色后，首先复制人物图层，水平旋转后移动至合适位置，然后使用“镜头光晕”滤镜制作出逼真的光晕效果，最后使用“画笔”工具绘制散布的圆形，并添加图层样式，具体操作步骤如下。

2. 能力目标

（1）能熟练运用“镜头光晕”命令进行效果设计。

（2）能熟练运用“画笔”工具命令对图像进行效果设计。

（3）能运用“添加图层样式”设置图层样式。

3. 任务效果图（见图 3-15）

图 3-15 任务效果图

4. 操作步骤

（1）在“图层”面板中，单击“背景副本”图层，按组合键 Ctrl+J 得到“背景副本 2”图层，并调整图层的“不透明度”为 60%，然后移动“图层 2”至合适位置，并进行调整，如图 3-16 所示。

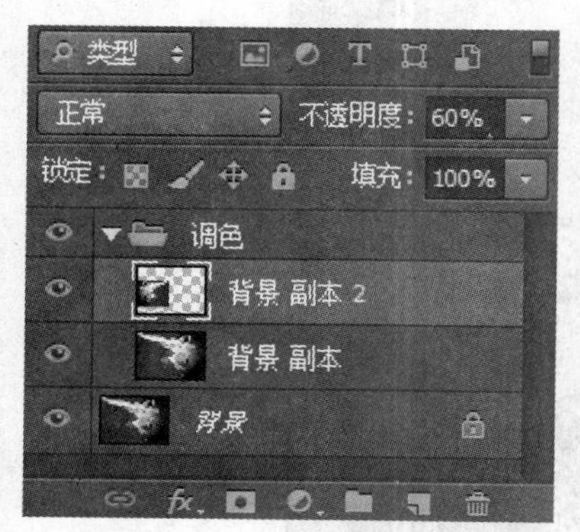

图 3-16 “背景副本 2”图层

（2）单击工具箱中的“橡皮擦”工具按钮，将“背景”图层中多余的部分擦掉，效果如图 3-17 所示。

（3）选择“图层”面板中的“背景副本”图层，执行“滤镜”→“渲染”→“镜头光晕”命令，弹出“镜头光晕”对话框，设置“亮度”为 60%，如图 3-18 所示。

（4）设置完成后，单击“确定”按钮，效果如图 3-19 所示。

（5）再次打开“镜头光晕”对话框，设置“亮度”为 97%，如图 3-20 所示。

图 3-17 “橡皮擦工具”效果图

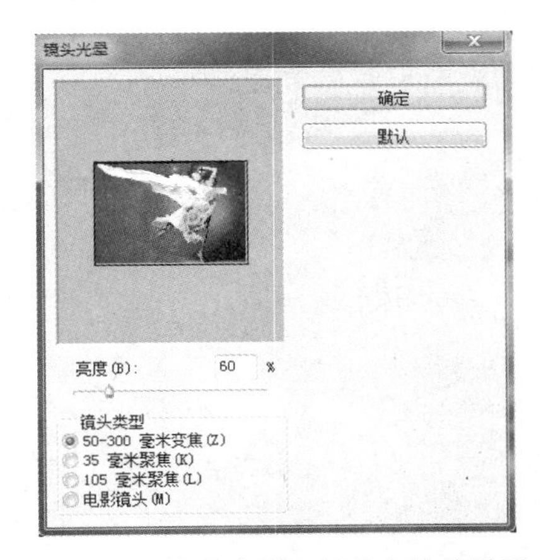

图 3-18 “镜头光晕”相关参数的设置

图 3-19 效果图

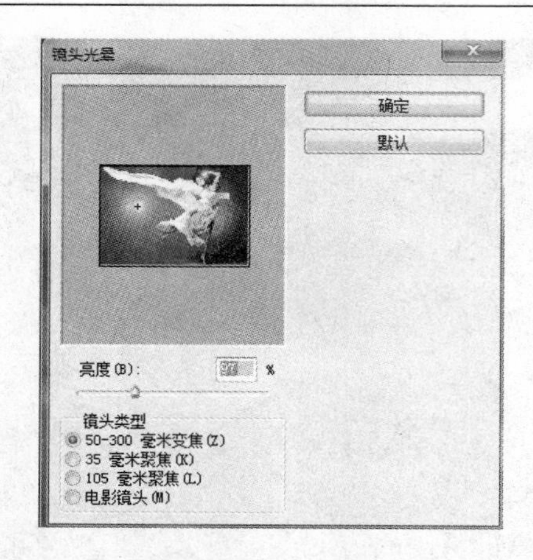

图 3-20 “镜头光晕”相关参数的设置

（6）设置完成后，单击“确定”按钮，效果如图 3-21 所示。

图 3-21 效果图

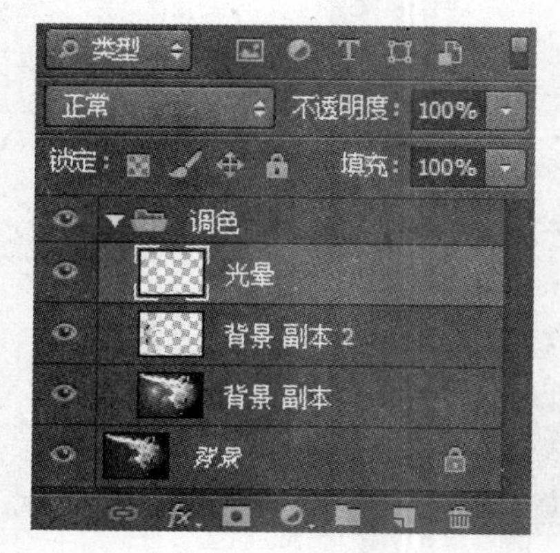

图 3-22 新图层

（7）创建一个新图层，并命名为“光晕”，如图 3-22 所示。

（8）选择工具箱中的“画笔”工具，单击属性栏中的“切换画笔面板”按钮，在弹出的“画笔”面板中选择画笔笔尖形状，设置“大小”为 30 像素、“间距”为 85%，如图 3-23 所示。

（9）选择“形态动态”复选框，设置“大小抖动”为“91%”，如图 3-24 所示。

（10）选择“散布”复选框，设置“散布”为“1000%”，如图 3-25 所示，在“画笔”工具属性栏中设置“不透明度”为“75%”，效果如图 3-26 所示。

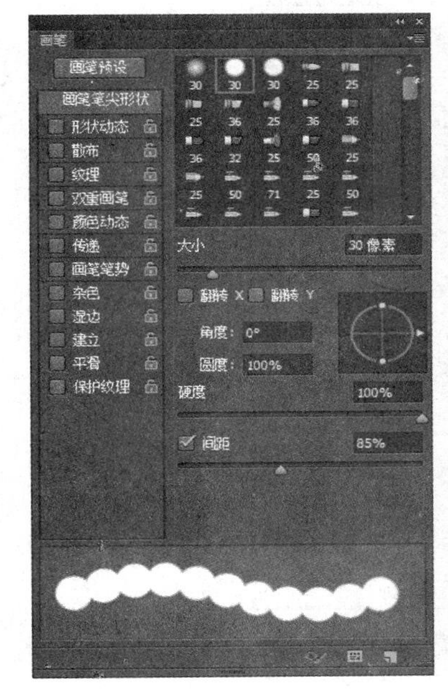

图 3-23　“画笔”面板相关参数的设置

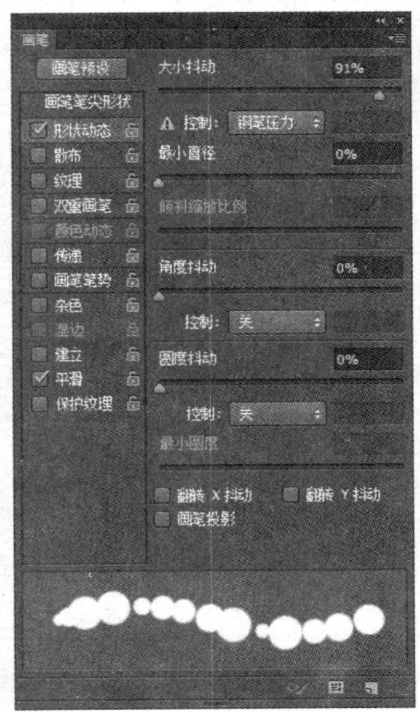

图 3-24　“形态动态”相关参数的设置

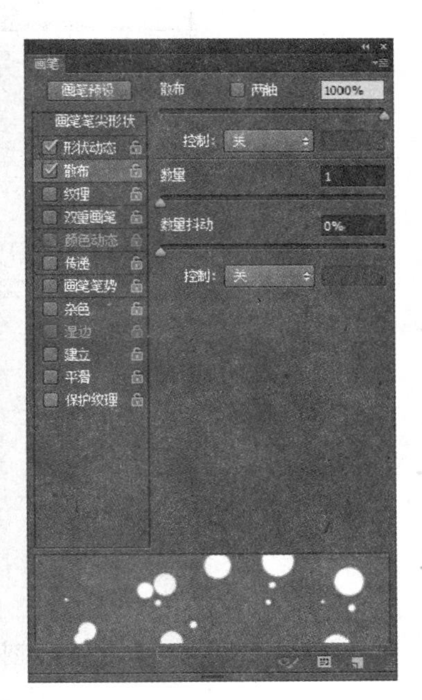

图 3-25　“散布”相关参数的设置

图 3-26　效果图

（11）单击“图层”面板底部的“添加图层样式” fx 按钮，在弹出的菜单中选择“渐变叠加”选项，弹出“图层样式”对话框，相关参数的设置如图 3-27 所示。

（12）执行“滤镜”→“模糊”→“径向模糊”命令，弹出“径向模糊”对话框，设置“数量”为 12，如图 3-28 所示，设置完成后，效果如图 3-29 所示。

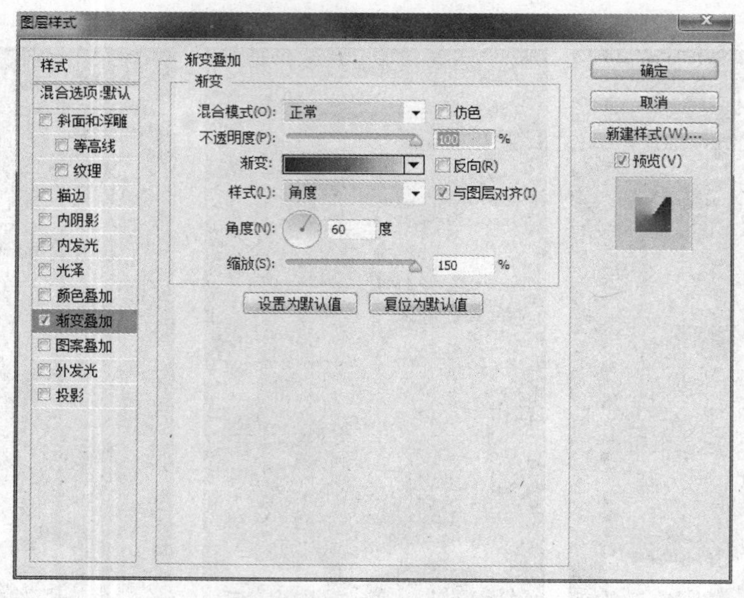

图 3-27 “图层样式”相关参数的设置

图 3-28 “径向模糊”相关参数的设置

图 3-29 “径向模糊”效果图

3.2 任务2 制作唯美艺术照2

3.2.1 案例一 —— 添加艺术文字

1. 任务描述

制作完成背景图像后，需要对图像添加文字，从而丰富整个画面。输入文字后将其栅格化，再将其缩小并移动至合适位置，对齐并添加图层样式，制作出渐变效果。

2. 能力目标

（1）能熟练运用栅格化文字命令进行效果设计。

（2）能熟练运用“钢笔”工具对图像进行绘制设计。

（3）能运用图层相关命令进行效果设计。

3. 任务效果图（见图3-30）

图3-30 任务效果图

4. 操作步骤

（1）创建一个图层组，并命名为“文字”，如图3-31所示。

（2）单击工具箱中的“横排文字”工具按钮，输入“印象”，在属性栏中设置字体样式、大小，如图3-32所示。

（3）执行“图层”→“栅格化”→“文字”命令，单击工具箱中的“矩形选框”工具按钮，框选“象”字，如图3-33所示。

（4）按组合键 Ctrl+T 缩小文字并移动至合适位置，如图3-34所示。

（5）创建一个图层，单击工具箱中的“钢笔”工具按钮，绘制路径，如图3-35所示。按组合键Ctrl+Enter将路径转换为选区，并填充颜色，效果如图3-36所示。

图3-31 新建图层组

方正姚体 36点 浑厚

图 3-32 使用“横排文字”工具设置字体样式

图 3-33 框选文字

图 3-34 移动文字

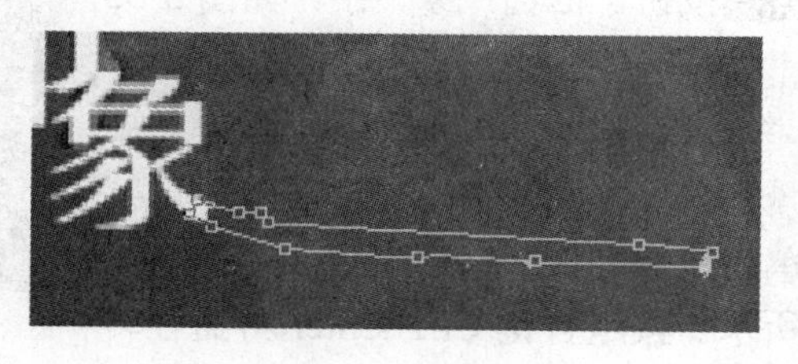

图 3-35 绘制路径

图 3-36　效果图

（6）单击“图层”面板底部的“添加图层样式” 按钮，在弹出的菜单中选择“渐变叠加”选项，弹出“图层样式”对话框，相关参数的设置如图 3-37 所示。

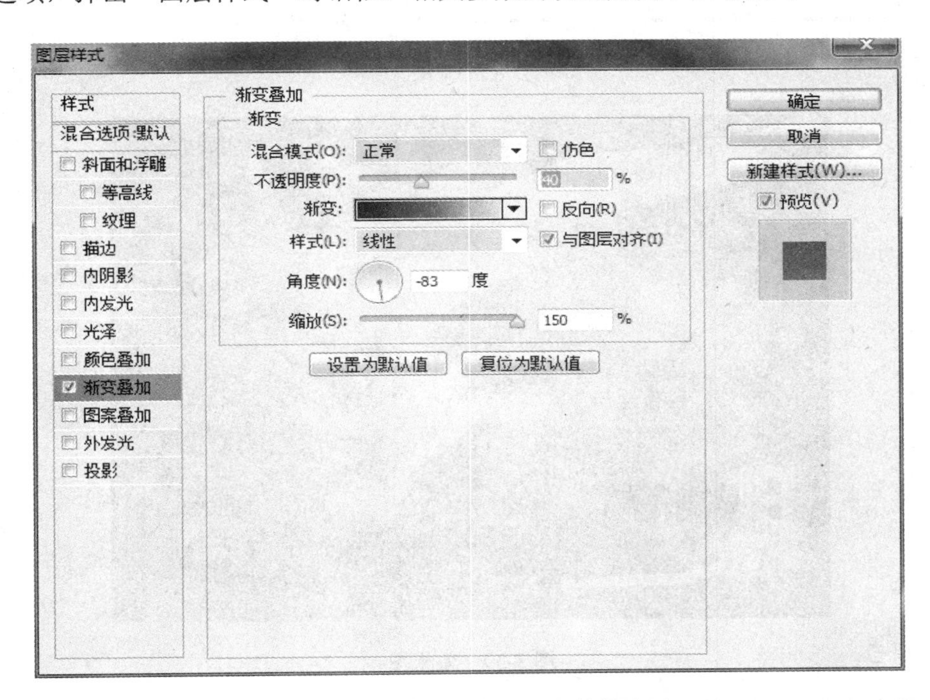

图 3-37　“图层样式”相关参数的设置

（7）选择“描边”复选框，相关参数的设置如图 3-38 所示。

（8）设置完成后，单击“确定”按钮，关闭对话框，效果如图 3-39 所示。

（9）单击“横排文字”工具 按钮，在图像中输入“Beauty of nature”，在属性栏中设置字体样式、大小，如图 3-40 所示。

图层样式
样式
混合选项:默认
斜面和浮雕
等高线
纹理
描边
内阴影
内发光
光泽
颜色叠加
渐变叠加
图案叠加
外发光
投影
描边
结构
大小(S): 2 像素
位置(P): 外部
混合模式(B): 正常
不透明度(O): 100 %
填充类型(F): 颜色
颜色:
设置为默认值 复位为默认值
确定
取消
新建样式(W)...
预览(V)

图 3-38 “描边”选项相关参数的设置

图 3-39 效果图

图 3-40 字体相关参数的设置

（10）选择“印象”图层，并设置图层的“不透明度”为“50%”，如图 3-41 所示，设置完成后效果如图 3-42 所示，并保存，命名为“数码照片处理”。

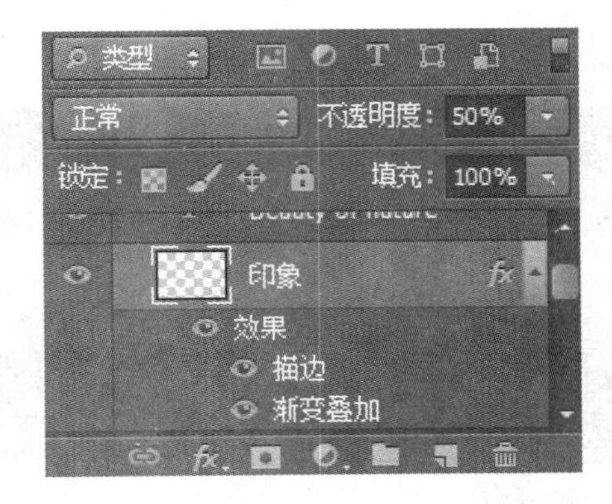

图 3-41 图层相关参数的设置

图 3-42 最终效果图

3.2.2 案例二 —— 设计创意边框

1. 任务描述

本案例中的图像整体偏暗，可使用“曲线”、“色彩平衡”、“可选颜色”命令调整图像的色调，使图像效果变亮，再使用“液化”工具对人物进行瘦身处理。

2. 能力目标

（1）能熟练运用“曲线”命令进行效果设计。

（2）能熟练运用“色彩平衡”命令对图像进行色彩效果设计。

（3）能运用“可选颜色”命令调整图像的色调。

3. 任务效果图（见图 3-43）

4. 操作步骤

（1）执行“文件”→“新建”命令，在打开的“新建”对话框中设置文件的“宽度”为“700 像素”、“高度”为“500 像素”、“背景内容”为“白色”，并输入名称为“木质画框”，如图 3-44 所示。

（2）新建文件后，执行“滤镜”→“转换为智能滤镜”命令，此时的“图层”面板如图 3-45

所示。

图 3-43 任务效果图

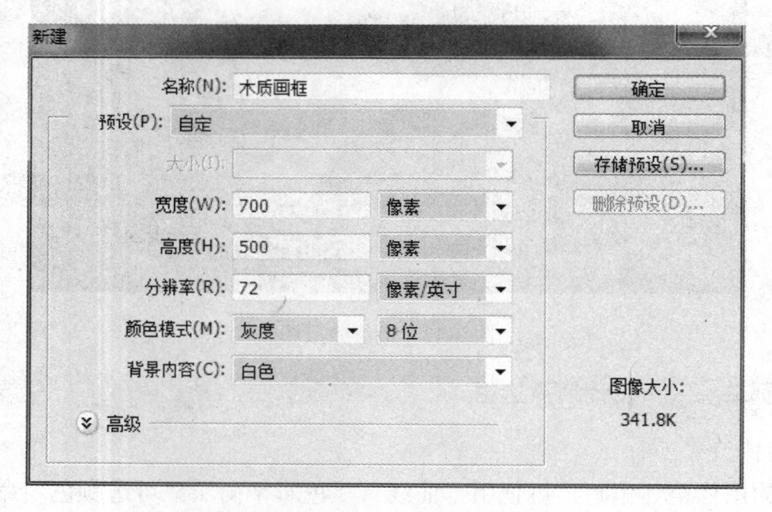

图 3-44 “新建”相关参数的设置

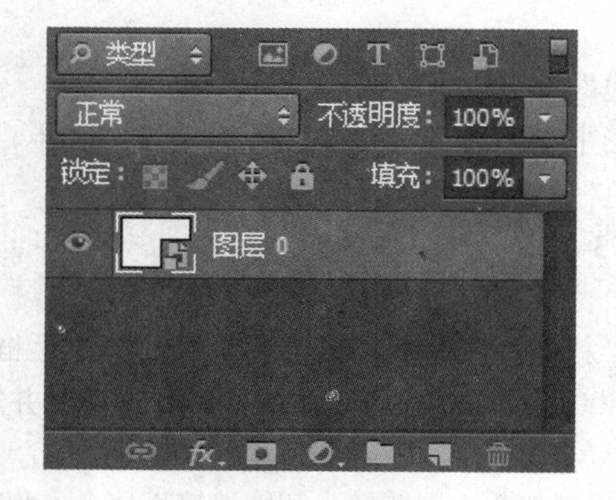

图 3-45 “转换为智能滤镜”相关参数的设置

（3）单击工具箱中的“设置前景色”色块，弹出“拾色器（前景色）”对话框，从中设置前景色颜色值为“R：80，G：60，B：22”，按照同样的方法设置背景色颜色值为“R：132，G：83，B：25”。执行“滤镜”→“渲染”→“纤维”命令，在打开的“纤维”对话框中设置“差异”为20、“强度”为10，如图3-46所示，设置完成后，效果如图3-47所示。

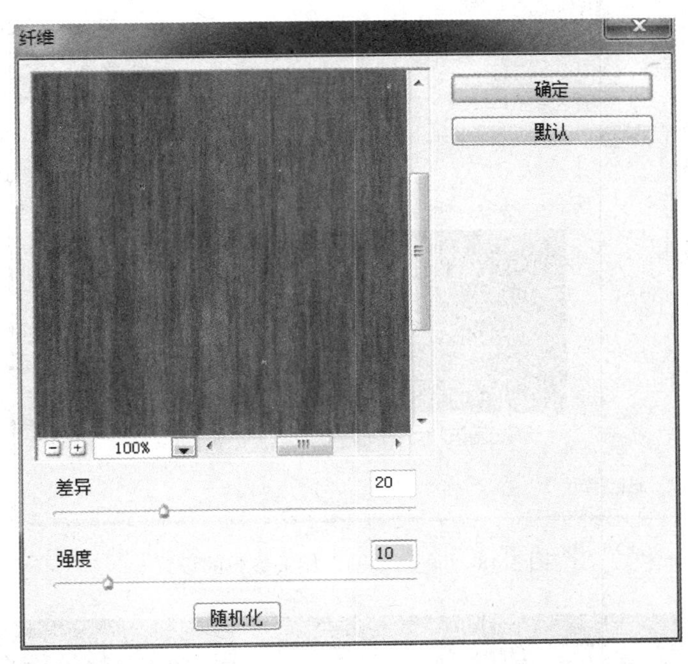

图3-46 “纤维”相关参数的设置

图3-47 “纤维”效果图

（4）执行“选择”→“色彩范围”命令，打开“色彩范围”对话框，将“颜色容差”设置为50，如图3-48所示，单击“确定”按钮，容差范围内的区域变为选区，效果如图3-49所示。

（5）执行“图层”→“新建”→“通过拷贝的图层”命令，得到新图层，如图3-50

所示，单击“图层”面板下方的“添加图层”样式 fx 按钮，为得到的“图层 1”添加图层样式。

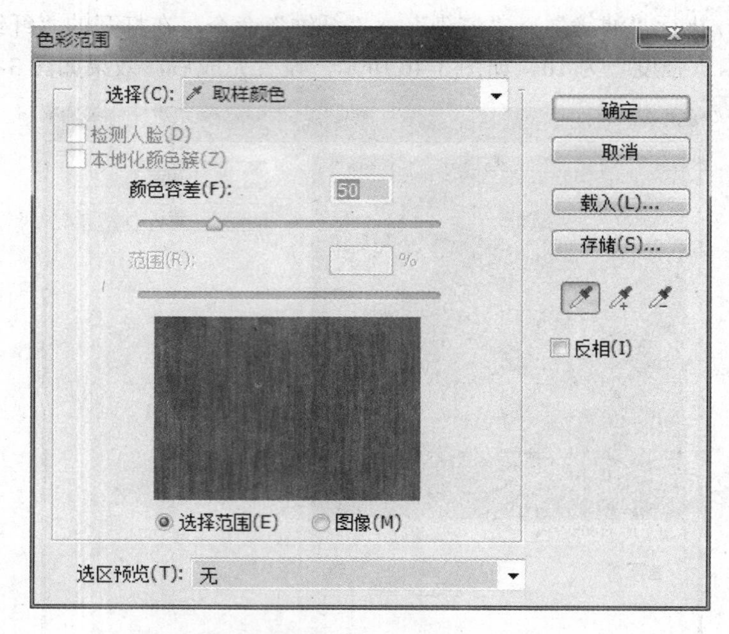

图 3-48 “色彩范围”相关参数的设置

图 3-49 “颜色容差”效果图

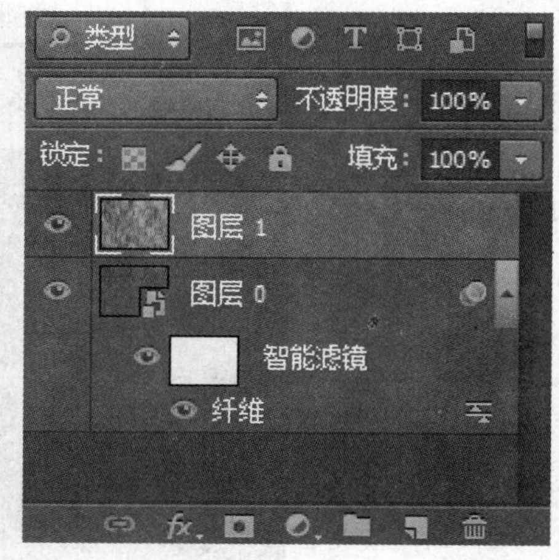

图 3-50 新图层

（6）在“图层样式”对话框中，选择“斜面和浮雕”复选框，相关参数的设置如图 3-51 所示。

（7）选择“投影”复选框，相关参数的设置如图 3-52 所示，设置完成后，单击“确定”按钮，图像效果如图 3-53 所示。

（8）执行“图层”→“合并可见图层”命令，将所有图层合并为一个图层。单击工具箱中的“矩形复选框”工具按钮，在图像窗口中创建一个矩形选区，如图 3-54 所示，按 Delete 键删除矩形选区内的图像，效果如图 3-55 所示。

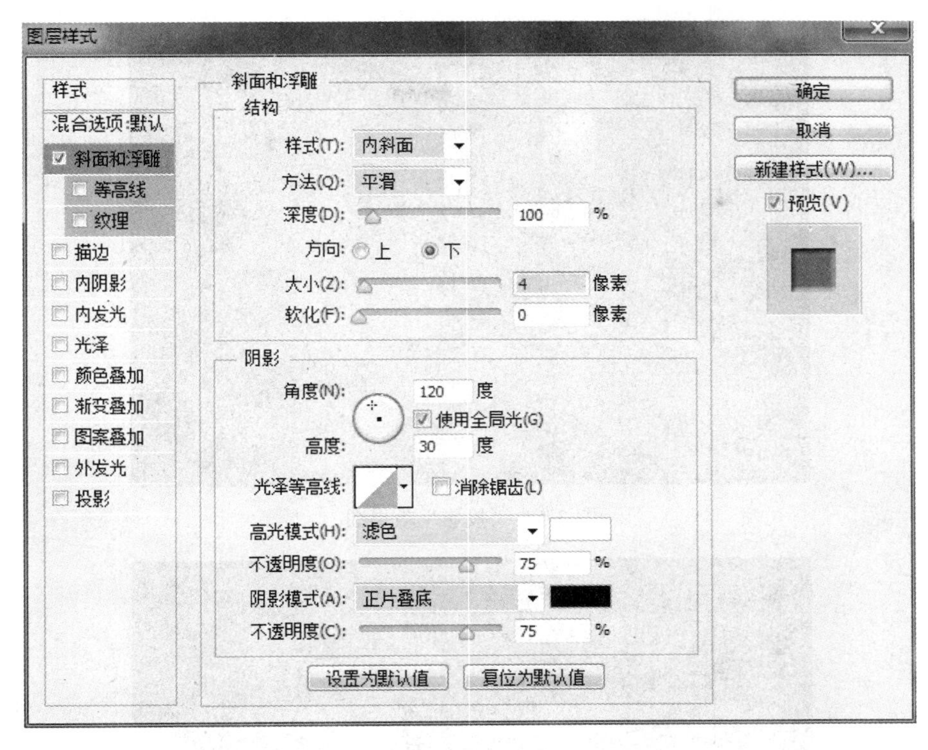

图 3-51 “图层样式”相关参数的设置

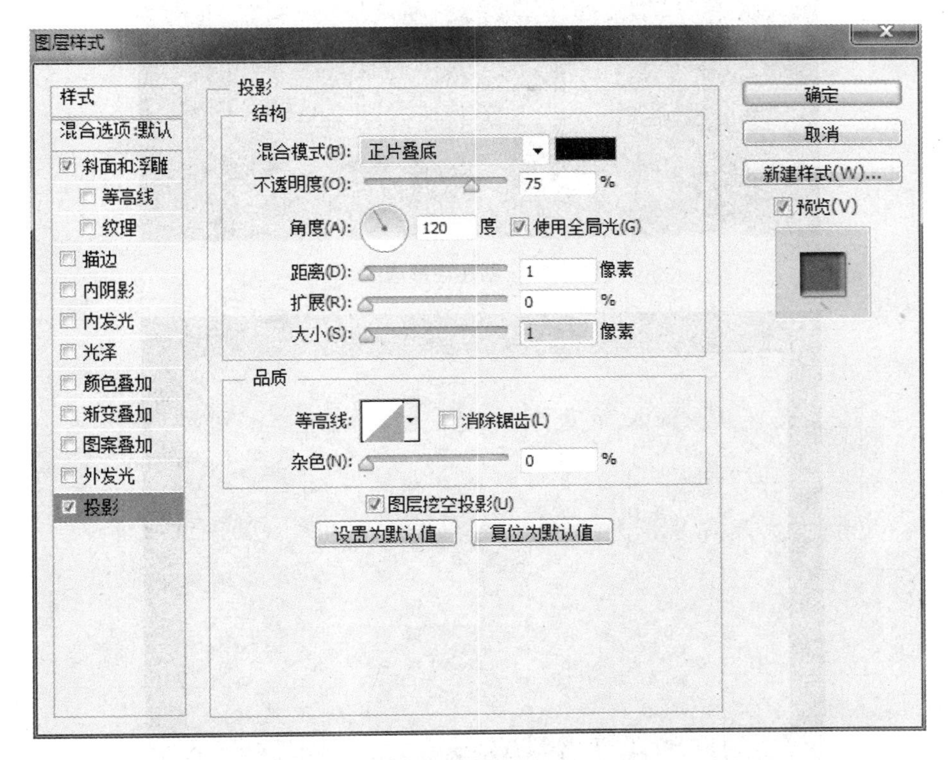

图 3-52 “投影”相关参数的设置

图 3-53 “投影”效果图

图 3-54 创建矩形选区

图 3-55 效果图

（9）单击“图层”面板下方的“添加图层”样式 fx. 按钮，选择“内阴影”复选框，相关参数的设置如图 3-56 所示，设置完成后，单击“确定”按钮，效果如图 3-57 所示。

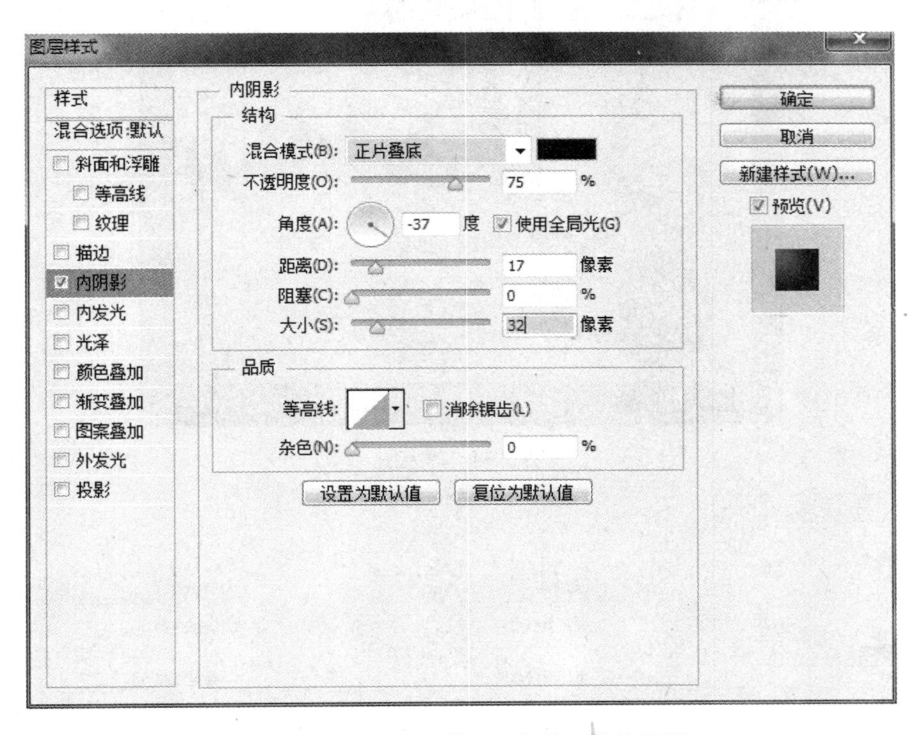

图 3-56 “添加图层样式”相关参数的设置

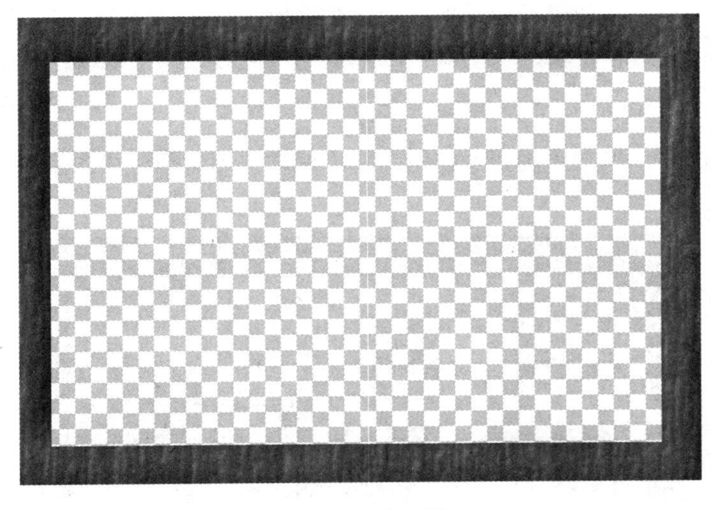

图 3-57 效果图

（10）执行“文件”→“置入”命令，打开 3-2 素材文件，执行“图层”→“栅格化”→“图层”命令，并修改图层名称为“油画”，效果如图 3-58 所示。

（11）执行“滤镜”→“扭曲”→“玻璃”命令，相关参数的设置如图 3-59 所示。

（12）执行“滤镜”→“艺术效果”→“绘画涂抹”命令，相关参数的设置如图 3-60 所示，执行“滤镜”→“画笔描边”→“成角的线条”命令，相关参数的设置如图 3-61 所示。

图 3-58　效果图

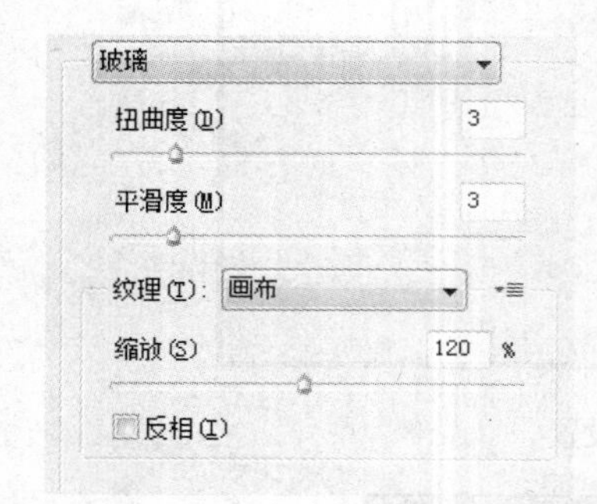

图 3-59　“玻璃”相关参数的设置

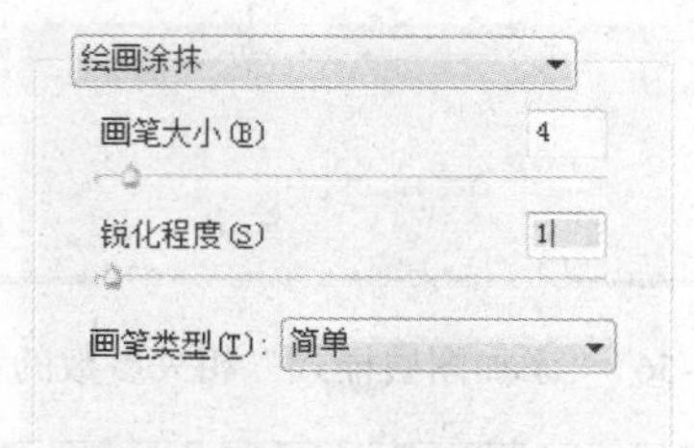

图 3-60　“绘画涂抹”相关参数的设置

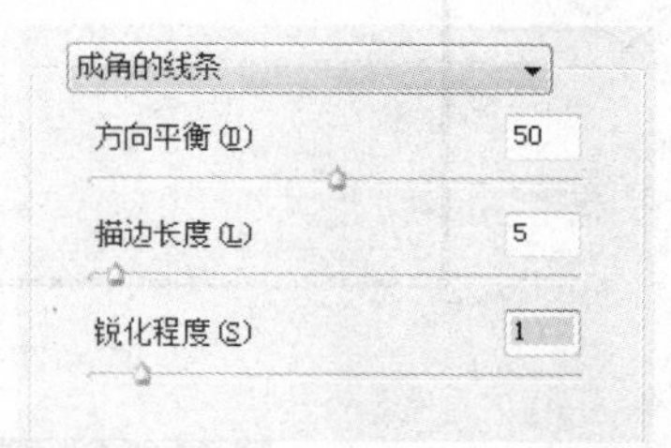

图 3-61　“成角的线条”相关参数的设置

（13）设置完成后，单击“确定”按钮，将“油画”图层拖至“图层 1”的下方，最终效果如图 3-62 所示。

图 3-62　最终效果图

3.3 实践模式——打造唯美数码照

3.3.1 技巧点拨

本案例主要采用“图层”设置、“径向模糊”、“色阶”及“不透明度”的设置，完成阳光穿林的效果设计。3-3 素材文件图及最终效果如图 3-63、图 3-64 所示。

图 3-63 素材文件图

图 3-64 最终效果图

3.3.2 实际操作

（1）打开需要处理的素材文件。

（2）复制“背景”图层，得到“背景副本”图层，并将图像去色。

（3）添加“径向模糊”滤镜，并使用“色阶”命令进行调整。

（4）设置图层“混合模式”和“不透明度”，完成照片的调整。

3.4 知识点练习

一、填空题

1．Photoshop 图像最基本的组成单元是__________________。

2．色彩深度是指在一个图像中__________________的数量。

二、选择题

1．移动一条参考线的方法是（　　）。

A．选择移动工具拖拉

B．无论当前使用何种工具，按住 Alt 键的同时单击鼠标

C．在工具箱中选择任何工具进行拖拉

D．无论当前使用何种工具，按住 Shift 键的同时单击鼠标

2．以 100%的比例显示图像的方法是（　　）。

A．在图像上按住 Alt 键的同时单击鼠标

B．选择满画布显示命令

C．双击抓手工具

D．双击缩放工具

3．可以被用来定义画笔形状的工具是（　　）。

A．矩形工具　　B．椭圆工具　　C．套索工具　　D．魔棒工具

4．使用橡皮图章工具在图像上取样的方法是（　　）。

A．在取样的位置单击鼠标并拖拉

B．按住 Shift 键的同时单击取样位置来选择多个取样像素

C．按住 Alt 键的同时单击取样位置

D．按住 Ctrl 键的同时单击取样位置

5．可以将图案填充到选区内的工具选项是（　　）。

A．画笔工具　　B．图案图章工具

C．橡皮图章工具　　D．喷枪工具

6．下面对模糊工具功能的描述正确的是（　　）。

A．模糊工具只能使图像的一部分边缘模糊

B．模糊工具的压力是不能调整的

C．模糊工具可降低相邻像素的对比度

D．如果在有图层的图像上使用模糊工具，只有所选中的图层才会起变化

7．当编辑图像时，使用减淡工具可以达到的目的是（　　）。

A．使图像中某些区域变暗　　B．删除图像中的某些像素
C．使图像中某些区域变亮　　D．使图像中某些区域的饱和度增加

三、问答题

1．什么是蒙版？
2．为何在处理照片时一般都要先复制背景图层，然后进行照片的处理？
3．“描边”命令与“图层样式”的“描边”有何区别？

项目4　平面广告设计

广告是通过一定媒体向用户推销产品或承揽服务，以达到增加了解和信任以至扩大销售的一种促销模式，制作一个好的广告不仅能够带来视觉享受，而且还能够给消费者留下极其深刻的印象，使之加深对产品的理解，从而将产品销售出去。

4.1　任务1　产品界面设计

案例一 —— 制作 KTV 宣传广告

1. 任务描述

利用"渐变"工具、"描边"命令、"画笔预设"工具、"多边形选项"工具等，制作 KTV 宣传广告效果。

2. 能力目标

（1）能熟练运用"渐变"工具进行效果设计。

（2）能熟练运用"描边"命令对图像进行效果设计。

（3）能运用"画笔预设"工具进行效果设计。

（4）能运用"多边形选项"工具。

3. 任务效果图（见图 4-1）

图 4-1　任务效果图

4. 操作步骤

（1）执行"文件"→"新建"命令，弹出"新建"对话框，在该对话框中进行相关参数的设置，如图 4-2 所示。

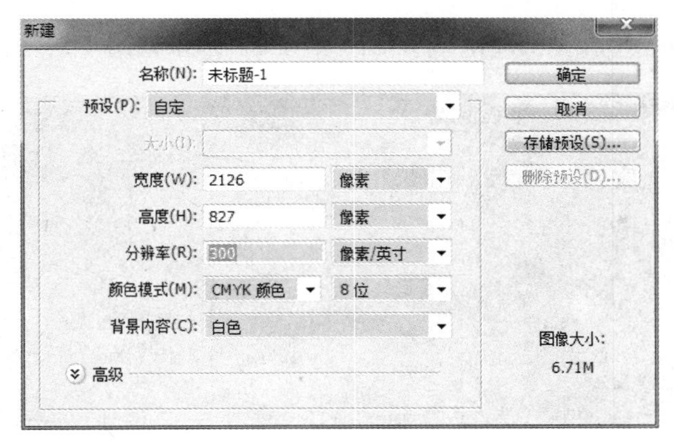

图 4-2　“新建”相关参数的设置

（2）按组合键 Ctrl+R 将标尺显示，在标尺中拖出参考线作为出血线，如图 4-3 所示。

图 4-3　参考线的创建

（3）使用“渐变”工具在“选项”栏上单击“渐变预览条”，弹出“渐变编辑器”对话框，在该对话框中进行相应设置，左色标颜色为 CMYK（40、100、100、5），右色标颜色为 CMYK（58、100、100、53），如图 4-4 所示。

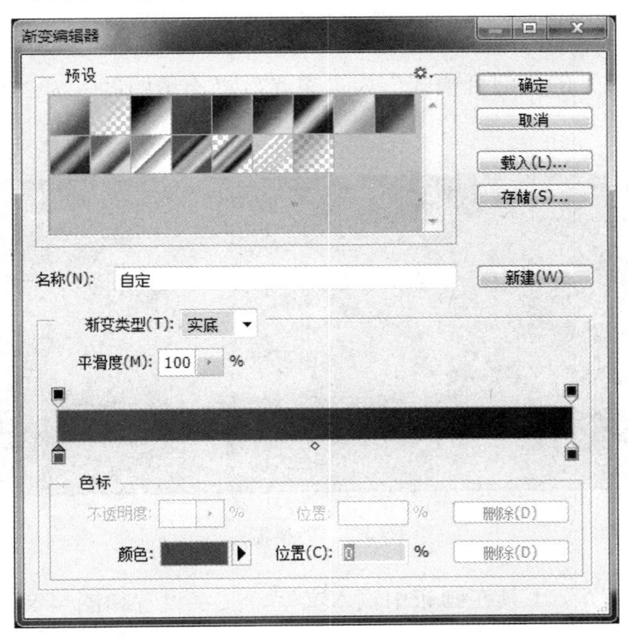

图 4-4　“渐变编辑器”相关参数的设置

（4）设置完成后，在画布中拖鼠标填充径向渐变，效果如图 4-5 所示。

图 4-5 “径向渐变”效果图

（5）执行“文件”→“打开”命令，打开“4-1 素材”文件，并将其拖到设计文档中的相应位置，效果如图 4-6 所示。

图 4-6 打开素材效果图

（6）设置“图层 1”的“混合模式”为“柔光”，“不透明度”为“50%”，得到如图 4-7 所示的效果图。

图 4-7 效果图

（7）单击“横排文字”工具在画布中输入文字，文字设置如图 4-8 所示，效果如图 4-9 所示。

（8）为文字图层添加“渐变叠加”图层样式，在“图层样式”对话框中进行设置，左色标颜色为 CMYK（40、30、30、15），右色标颜色为 CMYK（45、35、35、15），如图 4-10 所示。

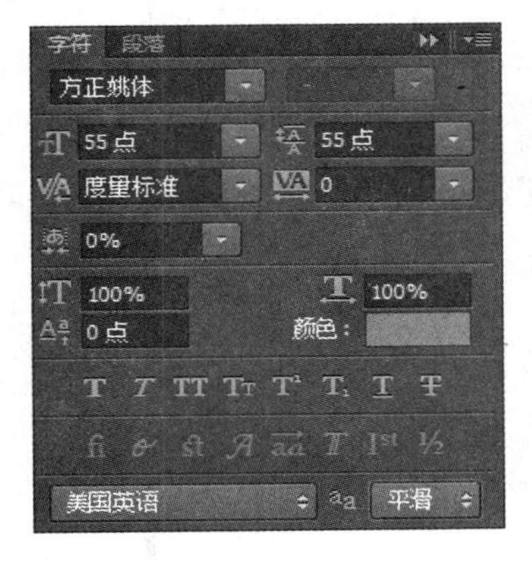

图 4-8 文字相关参数的设置

图 4-9 “横排文字”效果图

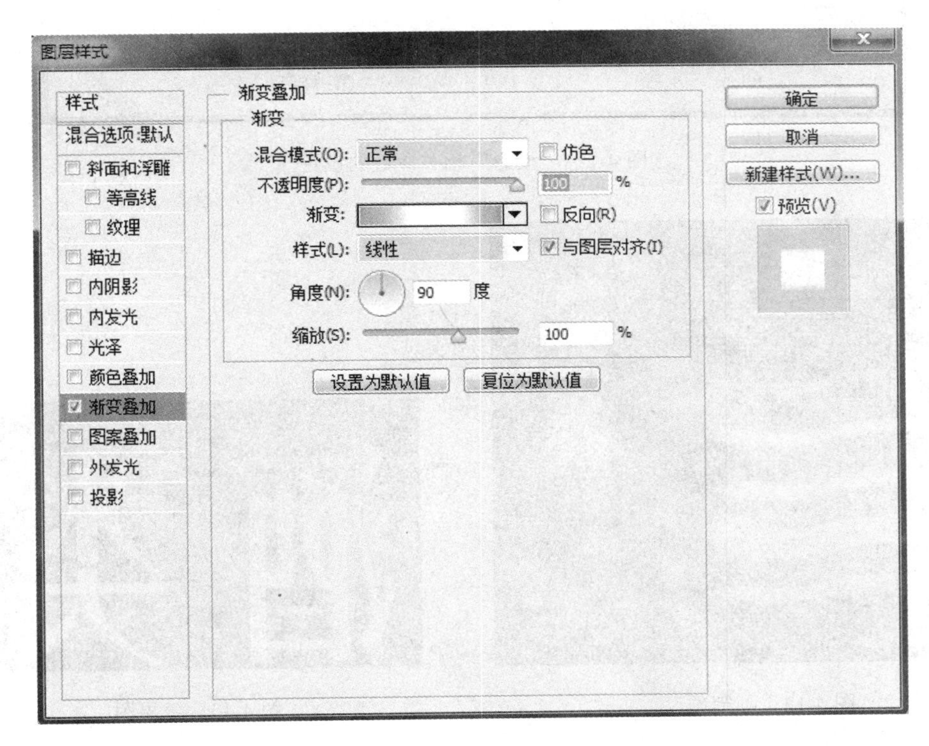

图 4-10 “渐变叠加”相关参数的设置

（9）在“图层样式”对话框中单击“投影”选项，对投影参数进行设置，如图 4-11 所示。

（10）使用“画笔”工具在“选项”栏上打开“画笔预设”选取器，在该选取器中选择相应的画笔，如图 4-12 所示。

（11）新建“图层 2”，在画布中进行涂抹，并对其进行角度调整，如图 4-13 所示。

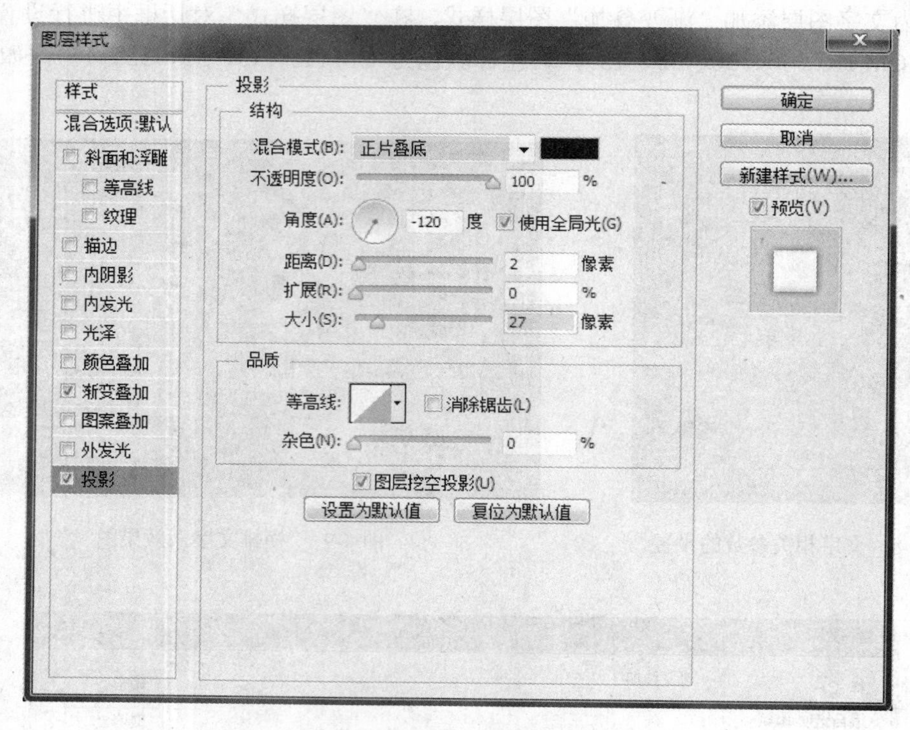

图 4-11　“投影”相关参数的设置

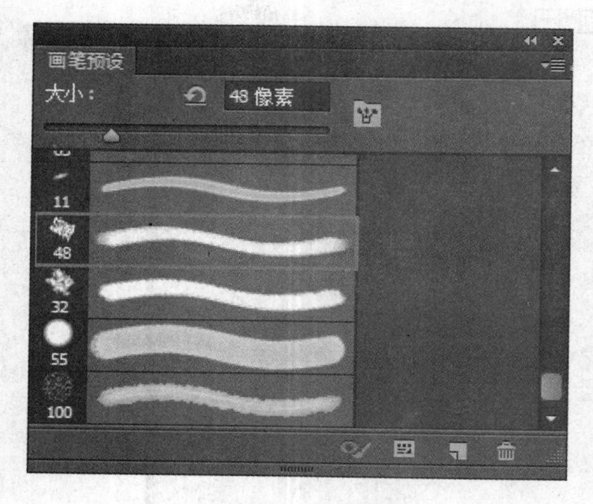

图 4-12　画笔预设

图 4-13　效果图

（12）输入其他文字，得到效果图，如图 4-14 所示。

（13）新建“图层 4”，使用“直线”工具在“选项”栏上设置“粗细”为 4 像素，设置“前景色”为 CMYK（22、33、71、0），在画布中绘制直线，如图 4-15 所示。

（14）在相应位置输入文字。使用“矩形”工具在画布中绘制形状，并设置相应的“颜色”和图层的“不透明度”，如图 4-16 所示。

（15）绘制出其他形状，在相应位置输入文字，效果如图 4-17 所示。

图 4-14 效果图

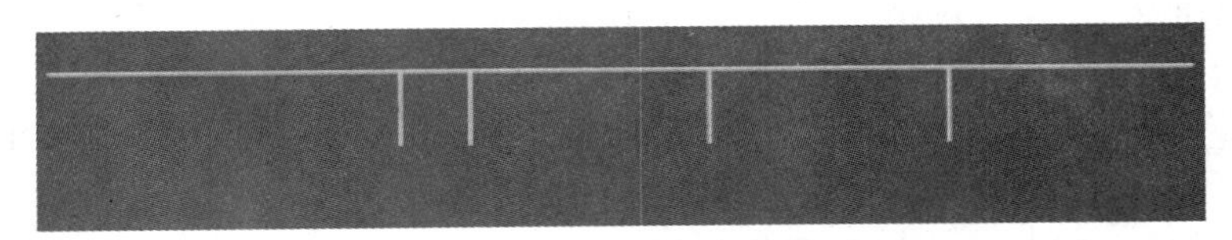

图 4-15 “直线绘制”效果图

套餐形式	时数	小包厢	中包厢	大包厢

图 4-16 效果图

套餐形式	时数	小包厢	中包厢	大包厢
洋酒套餐	4H	558	758	958
◆包厢美味赠		洋酒7选1/香烤2选1 小菜5选2/季节三切	洋酒7选1/香烤2选1 小菜5选3/季节三切	洋酒4选1/小菜5选4 香烤2选1/季节三切
红酒套餐	4H	408	658	858
◆包厢美味赠		红酒1支 小菜5选2/西瓜切盘	红酒1支 小菜5选3/西瓜切盘	红酒1支 小菜5选4/西瓜切盘
百威套餐	4H	398	598	798
◆包厢美味赠		啤酒3选1(6罐装) 小菜5选2/西瓜切盘	啤酒3选1(6罐装) 小菜5选3/西瓜切盘	啤酒3选1(6罐装) 小菜5选4/西瓜切盘

图 4-17 效果图

（16）使用“多边形”工具在“选项”栏上设置“边”数为“15”，并在“多边形选项”面板中进行设置，如图4-18所示。

（17）设置完成后，在画布中绘制图形，并添加“渐变叠加”图层样式，得到图像效果如图4-19所示。

（18）复制“图层7”，得到“图层7副本”，更换其“渐变叠加”设置，得到图像效果如图4-20所示。

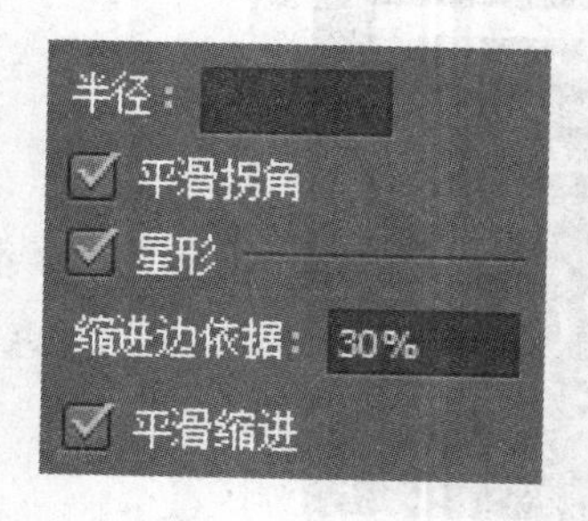

图4-18 “多边形选项”相关参数的设置

图4-19 绘制图形效果图

图4-20 渐变叠加效果图

（19）新建“图层8”，同时选中“图层7副本”和“图层8”，按组合键Ctrl+E合并图层，得到“图层8”，使用“橡皮擦”擦去相应部分，如图4-21所示。

（20）完成其他内容制作，得到图像效果，如图4-22所示。

（21）将刚刚制作的所有图形与文字图层选中，合并图层，得到“图层7”，如图4-23所示，对该图层添加“投影图层样式”，得到最终效果图，如图4-24所示。

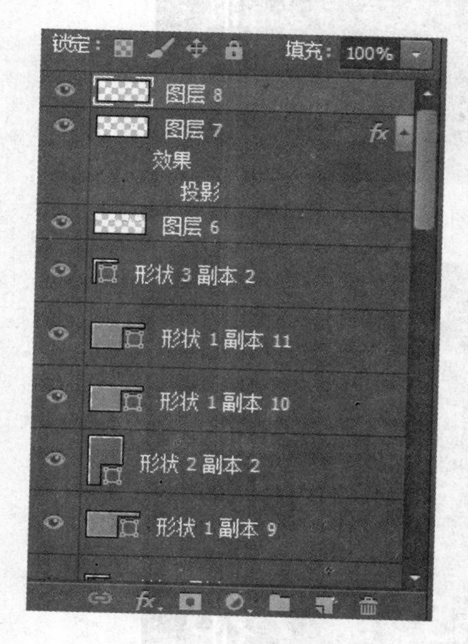

图4-21 图层设置

图4-22 效果图

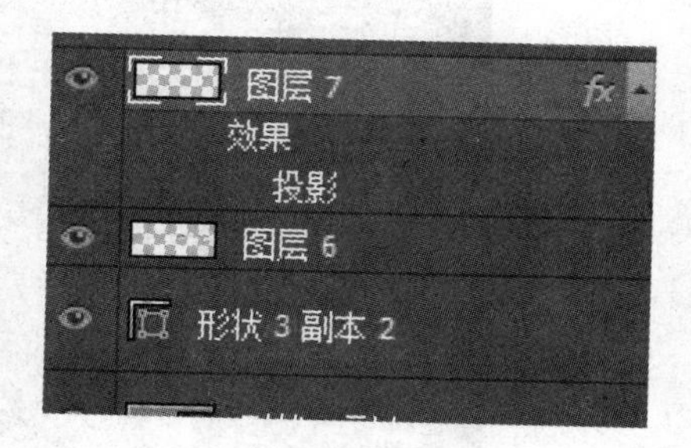

图4-23 图层合并

图 4-24 最终效果图

4.2 任务 2 企业形象设计

案例二 —— 企业邀请函设计

1. 任务描述

利用“渐变”工具、“描边”命令、“钢笔”工具、“自由变换”工具等，制作企业邀请函设计效果。

2. 能力目标

（1）能熟练运用“渐变”工具进行效果设计。

（2）能熟练运用“钢笔”命令对图像进行效果设计。

（3）能运用“自由变换”工具进行效果设计。

3. 任务效果图

图 4-25 任务效果图

4. 操作步骤

（1）执行“文件”→“新建”命令，弹出“新建”对话框并进行设置，如图 4-26 所示。

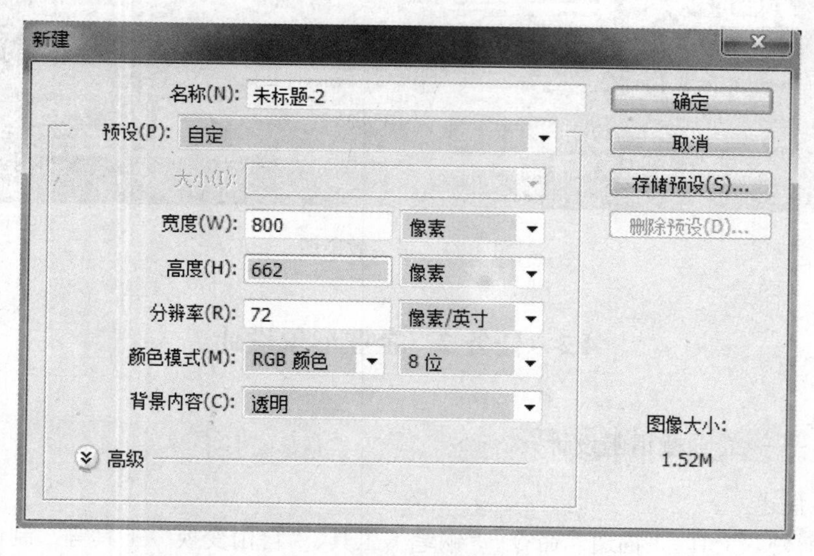

图 4-26 “新建”相关参数的设置

（2）设置“前景色”为 RGB（209、28、35），按组合键 Alt+Delete 在“图层 1”上填充前景色，效果如图 4-27 所示。

图 4-27 “前景”填充效果图

（3）使用“钢笔”工具在画布中绘制路径，将其转换为选区，新建“图层 2”，在选区中填充白色，效果如图 4-28 所示。

（4）再次使用“钢笔”工具在画布中绘制路径，并将其转换成选区，新建“图层 3”，在选区中填充白色，效果如图 4-29 所示。

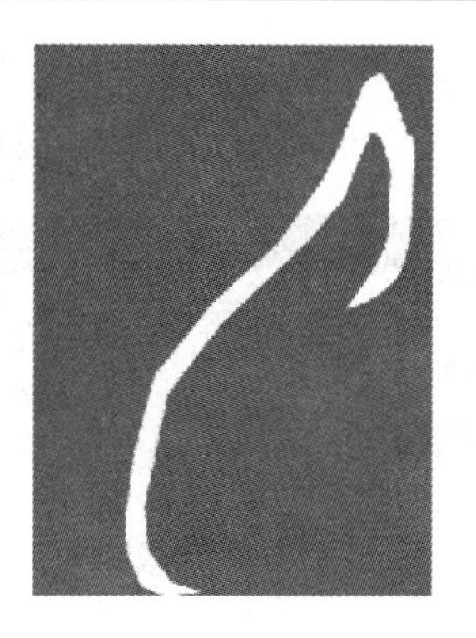

图 4-28　选区设置效果图（一）

图 4-29　选区设置效果图（二）

（5）完成图像的绘制，将“图层 2”至“图层 6”全部选中，编组命名为“叶子”。选中“叶子”组，按组合键 Ctrl+Alt+E 将其合并到新的图层，将其命名为“叶子”，并将组隐藏，如图 4-30 所示。

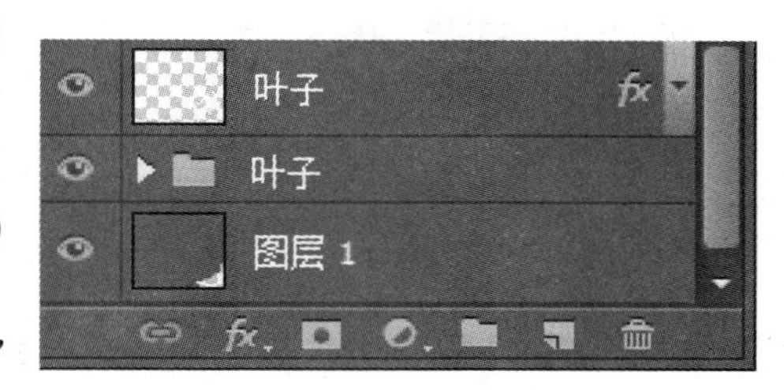

图 4-30　图层“叶子”

（6）双击“叶子”图层，在弹出的“图层样式”对话框中选择“渐变叠加”选项并进行设置，如图 4-31 所示。

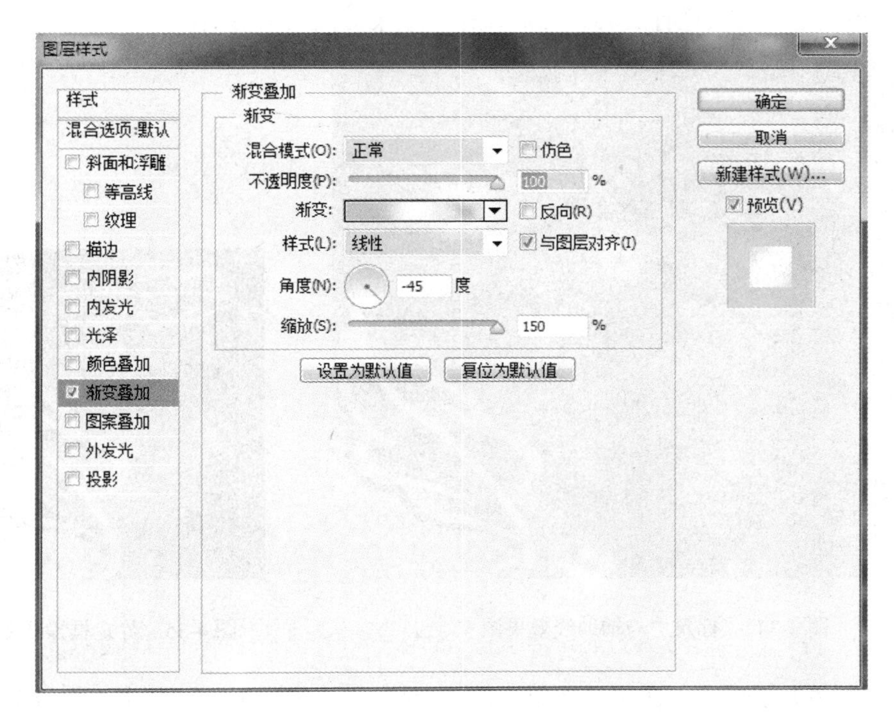

图 4-31　“图层样式”相关参数的设置

（7）选中“图层 1”，使用“钢笔”工具在画布中绘制路径，将路径转换为选区，按 Delete 键将选区中内容删除，效果如图 4-32 所示。

（8）按住 Ctrl 键单击“图层 1”调出选区，在“图层 1”上新建“图层 7”，执行“编辑”→“描边”命令，对图像进行描边，颜色值为 RGB（89、87、87），如图 4-33 所示。

图 4-32　删除选区内容效果图

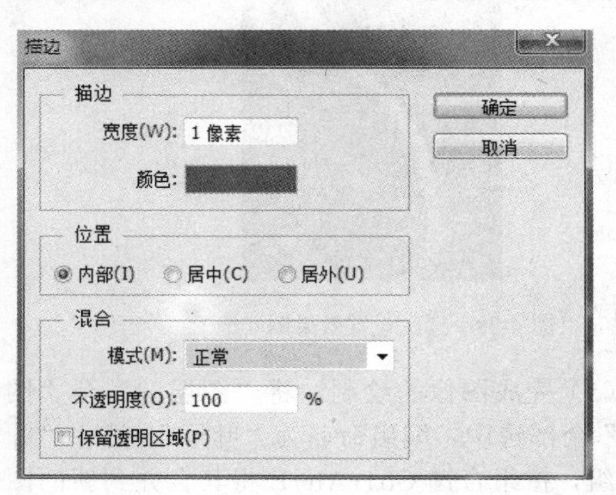

图 4-33　“描边”相关参数的设置

（9）按组合键 Ctrl+T 调出界定框，执行“视图→标尺”命令，将标尺显示出来，拖出辅助线，效果如图 4-34 所示。

（10）复制前面制作的“叶子”图层，并将图层样式删除，移至合适位置后，按组合键 Ctrl+T 调出界定框，对其进行旋转、缩放操作，效果如图 4-35 所示。

图 4-34　“标尺”与辅助线效果图

图 4-35　界定框操作效果图

（11）复制“叶子副本”图层，按组合键 Ctrl+T 调出界定框，调整中心点位置，在“选项”栏中设置“旋转”角度为 72°，按 Enter 键确认，效果如图 4-36 所示。

（12）连续 3 次按组合键 Ctrl+Shift+Alt+T，重复上一次“旋转”操作，得到图像效果，将该部分内容进行编组，命名为“花纹”，如图 4-37 所示，效果如图 4-38 所示。

图 4-36 “旋转”效果图

图 4-37　图层编组

图 4-38　效果图

（13）盖印到新的图层并修改名称，添加“渐变叠加”图层样式，如图 4-39 所示，效果如图 4-40 所示。

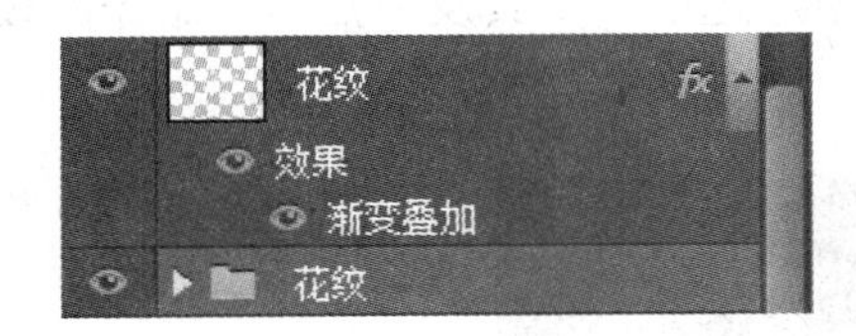

图 4-39　添加“渐变叠加”图层样式

图 4-40　“渐变叠加”效果图

（14）使用“横排文字”工具在画布中单击，在“字符”面板上进行设置，输入文字，根据前面的制作方法，为文字图层添加“渐变叠加”图层样式，如图 4-41 所示，效果如图 4-42 所示。

图 4-41　“渐变叠加”图层样式设置

图 4-42　“渐变叠加”效果图

（15）完成其他内容的制作，执行“文件”→“保存”命令，保存名为“企业邀请函设计”，最终效果如图 4-43 所示。

图 4-43　最终效果图

4.3　实践模式 —— 商业信封设计

4.3.1　技巧点拨

本案例主要采用“钢笔”工具、“颜色填充”、“矩形选框”工具及“描边”命令的设置完成商业信封的效果设计，最终效果如图 4-44 所示。

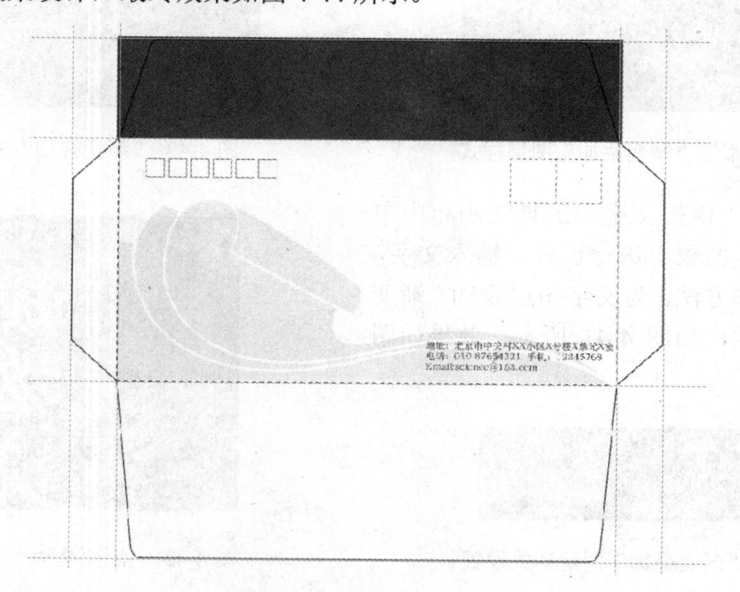

图 4-44　最终效果图

4.3.2 实际操作

（1）新建文档，显示标尺并拖出参考线，结合使用“画笔”工具和“钢笔”工具在画布中绘制信封轮廓线。

（2）使用“钢笔”工具绘制路径，并将路径转换为选区，填充颜色。

（3）使用“矩形选框”工具绘制选区，并执行“描边”命令，制作图像。

（4）绘制图像并输入相应的文字。

4.4 知 识 点 练 习

一、填空题

1．CMYK 模式的图像有______________个颜色通道。

2．Photoshop 内定的历史记录是______________。

3．“自动抹掉”选项是______________工具栏中的功能。

二、选择题

1．当选择“文件”→“新建”命令，在弹出的“新建”对话框中不可以设定的模式是（　　）。

A．位图模式　　B．RGB 模式

C．双色调模式　　D．Lab 模式

2．在使用画笔工具进行绘图的情况下，可以快速控制画笔笔尖大小的组合键是（　　）。

A．“<”和“>”　　B．“−”和“+”

C．“[”和“]”　　D．“Page Up”和“Page Down”

3．下列可以方便地选择连续且颜色相似的区域的工具是（　　）。

A．矩形选框工具　　B．椭圆选框工具　　C．魔棒工具　　D．磁性套索工具

4．下列可以“用于所有图层”的选区创建工具是（　　）。

A．魔棒工具　　B．矩形选框工具

C．椭圆选框工具　　D．套索工具

5．不可长期储存选区的方式是（　　）。

A．通道　　B．路径　　C．图层　　D．选择/重新选择

6．复制一个图层的方法是（　　）。

A．选择“编辑”→“复制”

B．选择“图像”→“复制”

C．选择“文件”→“复制图层”

D．将图层拖放到图层面板下方创建新图层的图标上

三、问答题

1．使用“直线”工具可以绘制哪些直线？

2．如何锁定图层图像？

3．调整图层叠放顺序的快捷键是什么？

项目5　经典包装设计

随着社会的发展，人们对商品的需求越来越大，商品包装的必要性和重要性日渐突显。人们不断深刻体会到，在经济全球化的今天，只有精美、优质的商品包装才能受到广大消费者的关注和青睐，才能在激烈的市场中稳操胜算。

5.1　任务1　书籍封面设计

5.1.1　案例 —— 平面软件类图书封面设计

1. 任务描述

利用“直线”工具、“渐变”工具、“横排文字”工具等，制作完成平面软件类图书封面设计效果。

2. 能力目标

（1）能熟练运用“渐变”工具进行效果设计。

（2）能熟练运用“直线”工具绘制图像效果。

（3）能运用“横排文字”工具进行效果设计。

3. 任务效果图（见图5-1）

图5-1　任务效果图

4. 操作步骤

（1）执行“文件”→“新建”命令，弹出“新建”对话框，在该对话框中进行设置，如图 5-2 所示。

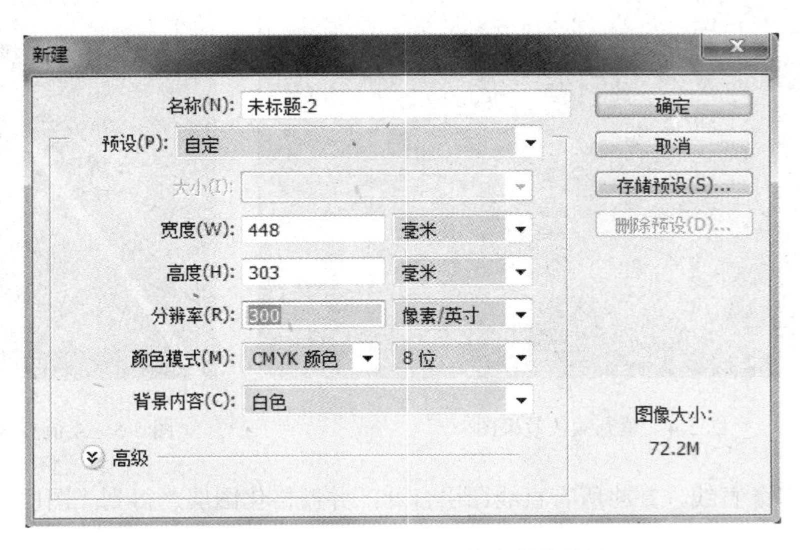

图 5-2 “新建”对话框相关参数的设置

（2）按组合键 Ctrl+R 将标尺显示，在标尺中拖出相应参考线，如图 5-3 所示。

图 5-3 新建参考线

（3）设置“前景色”为 CMYK（89、59、8、0），按组合键 Alt+Delete 填充颜色，如图 5-4 所示。

（4）新建“图层 1”，设置“前景色”为白色，使用“直线”工具在“选项”栏上设置“粗细”为 5mm，在画布中绘制直线，如图 5-5 所示。

图 5-4　填充颜色效果图

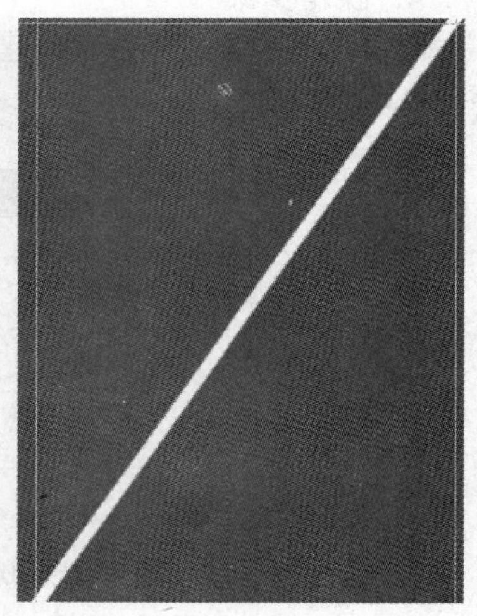

图 5-5　绘制直线效果图

（5）绘制多条直线，并将所有直线图层合并，并栅格化图层，得到“图层 1”，如图 5-6 所示。

（6）使用“矩形选框”工具在书脊处绘制选区，并按 Delete 键删除选区内容，效果如图 5-7 所示。

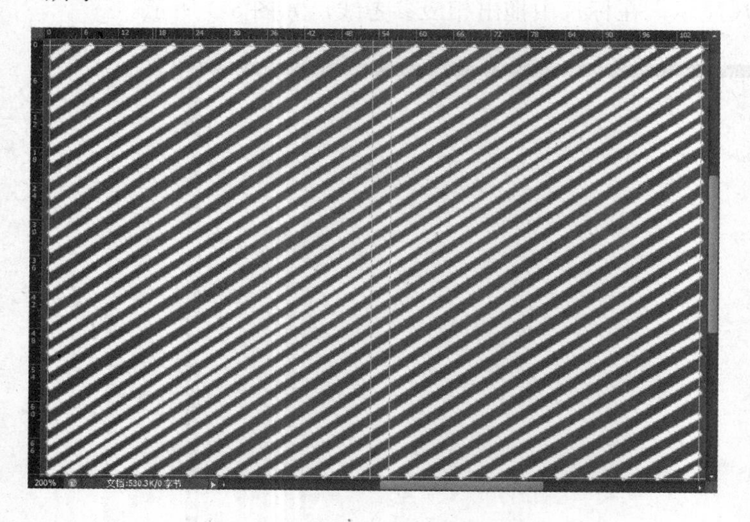

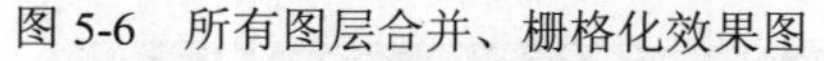

图 5-6　所有图层合并、栅格化效果图

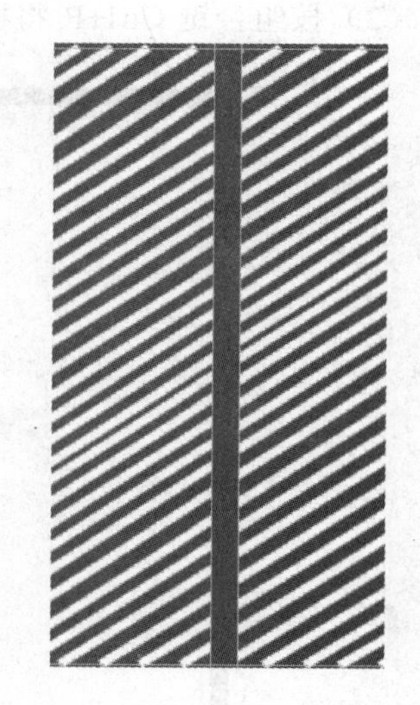

图 5-7　删除选区内容效果图

（7）设置“图层 1”的“不透明度”为“5%”，得到图像效果如图 5-8 所示。

（8）新建“图层 2”，在画布中绘制选区，如图 5-9 所示。

（9）使用“渐变”工具，在“选项”栏上单击“渐变预览条”，在弹出的“渐变编辑器”对话框中进行参数设置，设置颜色参数值分别为 CMYK（27、50、75、34），CMYK（21、37、66、23），CMYK（16、29、46、0），CMYK（21、37、66、23），如图 5-10 所示。

图 5-8　“5%不透明度”效果图

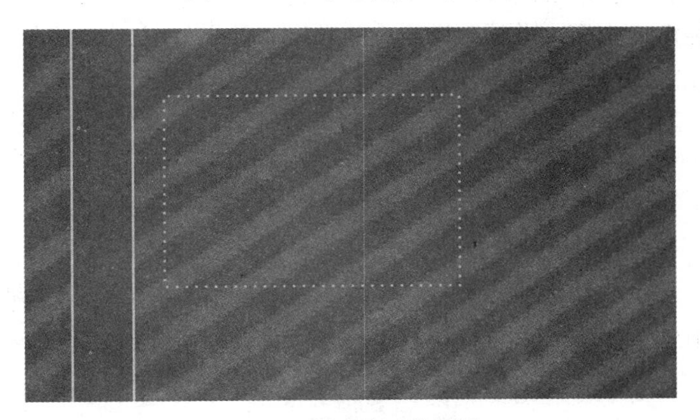

图 5-9　新建选区效果图

图 5-10　“渐变编辑器”相关参数的设置

（10）设置完成后，在选区内填充线性渐变，取消选区，效果如图 5-11 所示。

（11）绘制出其他渐变图形，效果如图 5-12 所示。

图 5-11　填充线性渐变效果图

图 5-12　其他渐变效果图

（12）执行“文件”→“打开”命令，打开“5-1 素材”图像，将其拖拽到设计文档中，并调整位置和大小，使用“横排文字”工具在画布中输入文字，字体为“方正超黑粗简体”、字体大小为“85 点”、颜色为“黑色”、字体效果为“锐利”，将文字图层栅格化，载入文字选区，在文字选区内填充线性渐变，效果如图 5-13 所示。

（13）绘制其他渐变文字，并调整图层叠放顺序，效果如图 5-14 所示。

图 5-13　效果图

图 5-14　其他渐变文字效果图

（14）在画布中输入其他文字，并对相应的文字进行调整，效果如图 5-15 所示。

图 5-15　其他文字设置效果图

（15）新建“图层 7”，设置“前景色”为 CMYK（0、0、100、0），使用“椭圆”工具在画布中绘制图形，效果如图 5-16 所示。

图 5-16　“椭圆”工具绘图效果图

（16）新建“图层 8”，设置“前景色”为白色，使用“圆角矩形”工具，在“选项”栏上设置“半径”为10mm，在画布中绘制图形，效果如图5-17所示。

图5-17　绘制图形效果图

（17）在画布中绘制其他圆角矩形，效果如图5-18所示。

（18）打开“5-2素材”，并将其拖拽到设计文档中的相应位置，执行“图层”→“创建剪贴蒙版”命令，创建剪贴蒙版，效果如图5-19所示。

图5-18　圆角矩形效果图

图5-19　“剪贴蒙版”效果图

（19）导入其他素材图像（5-3～5-8），并进行相应调整，效果如图 5-20 所示。

图 5-20　导入素材图像效果图

（20）根据前面的制作方法，完成该实例的制作，得到最终效果图，如图 5-21 所示，执行“文件”→“保存”命令，命名为“平面软件类图书封面设计”。

图 5-21　最终效果图

5.1.2 实践模式 —— 网站建设图书封面设计

1. 目标描述

制作网站建设图书封面设计效果。

2. 主要操作步骤

（1）新建文档，创建参考线，使用不同的矢量工具绘制图形，并导入相应素材，如图 5-22 所示。

图 5-22 “素材”导入效果图

（2）输入文字，并对相应的文字添加效果。使用“钢笔”工具绘制文字投影图形，并填充渐变，如图 5-23 所示。

（3）制作出封底和书脊的相应内容，如图 5-24 所示。

图 5-23 文字效果图

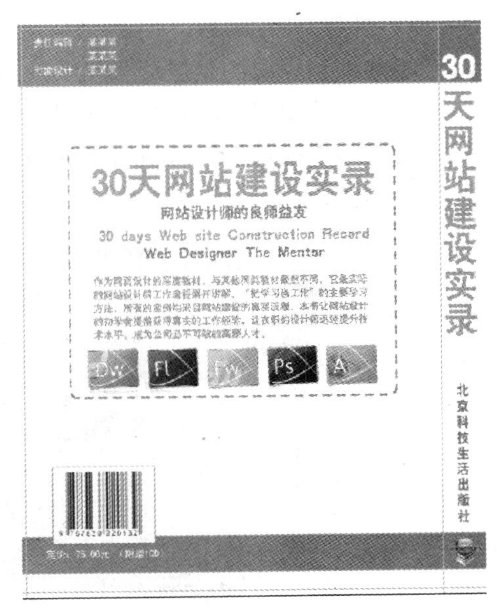

图 5-24 “封底和书脊”效果图

（4）完成案例的制作，得到最终效果图，保存并命名为“网站建设图书封面设计”，如图 5-25 所示。

图 5-25　最终效果图

5.2　任务 2　包　装　设　计

5.2.1　案例一 —— 手提袋设计

1. 任务描述

利用“图层蒙版”工具、“选取操作”工具、“描边”样式等，制作完成手提袋包装设计效果。

2. 能力目标

（1）能熟练运用“图层蒙版”工具进行效果设计。

（2）能熟练运用“选取操作”工具绘制图像效果。

（3）能运用“描边”样式进行效果设计。

3. 任务效果图（见图 5-26）

图 5-26　任务效果图

4. 操作步骤

（1）执行“文件”→“新建”命令，弹出“新建”对话框，在该对话框中进行设置，如

图 5-27 所示。

新建
名称(N): 未标题-1
预设(P): 自定
大小(I):
宽度(W): 176 毫米
高度(H): 86 毫米
分辨率(R): 300 像素/英寸
颜色模式(M): CMYK 颜色 8 位
背景内容(C): 白色
高级
确定
取消
存储预设(S)...
删除预设(D)...
图像大小:
8.06M

图 5-27 “新建”相关参数的设置

（2）按组合键 Ctrl+R 将标尺显示，在标尺中拖出相应的参考线，如图 5-28 所示。

图 5-28 “参考线”效果图

（3）新建“图层 1”，使用“矩形选框”工具在画布中绘制选区，如图 5-29 所示。

图 5-29 “矩形选框”工具绘制选区效果图

（4）使用“渐变”工具在“选项”栏上单击“渐变预览条”，在弹出的“渐变编辑器”对话框中进行相关参数的设置，左色块为 CMYK（28、0、94、0），右色块为 CMYK（81、6、100、0），如图 5-30 所示。

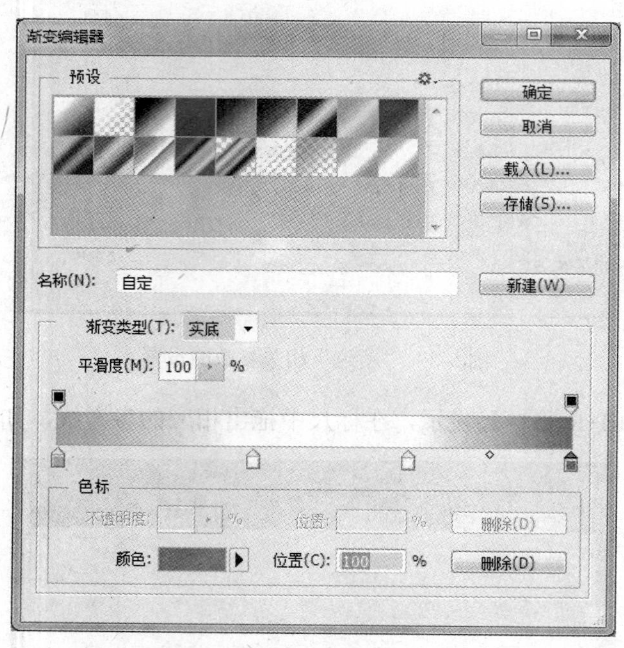

图 5-30 “渐变编辑器”相关参数的设置

（5）设置完成后，在画布中拖鼠标填充对称渐变，效果如图 5-31 所示。

图 5-31 对称渐变效果图

（6）执行“文件”→“打开”命令，打开“素材—蝴蝶吧”，并将其拖到设计文档中，效果如图 5-32 所示。

图 5-32 “素材—蝴蝶吧”拖至设计文档效果图

（7）为“图层 2”添加图层蒙版，并使用“画笔”工具在蒙版中进行涂抹，得到图像效果，图层样式如图 5-33 所示，效果如图 5-34 所示。

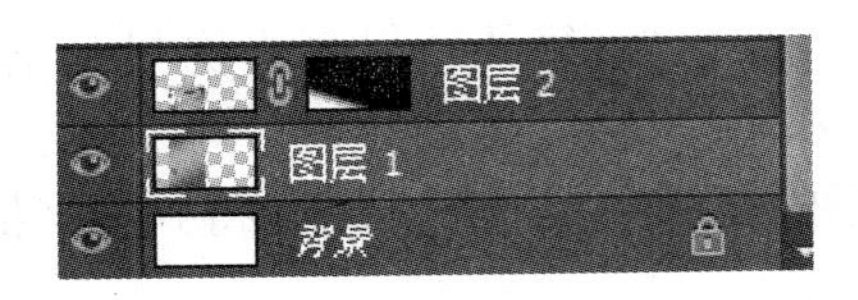

图 5-33 图层样式

图 5-34 涂抹效果图

（8）新建“图层 3”，使用“椭圆选框”工具在画布中绘制正圆选区，设置“前景色”为 CMYK（34、4、87、0），按组合键 Alt+Delete 填充颜色，效果如图 5-35 所示。

（9）执行“选择”→“变换选择”命令，调整选区大小，按 Enter 键确认，按 Delete 键删除选区内容，取消选区，得到圆环效果，如图 5-36 所示。

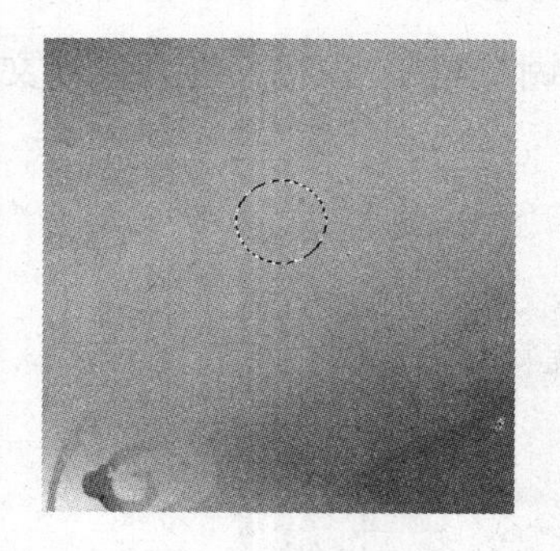

图 5-35　填充颜色效果图

图 5-36　圆环效果图

（10）为“图层 3”添加“描边”样式，在弹出的“图层样式”对话框中进行相关参数的设置，如图 5-37 所示，制作出其他图形。

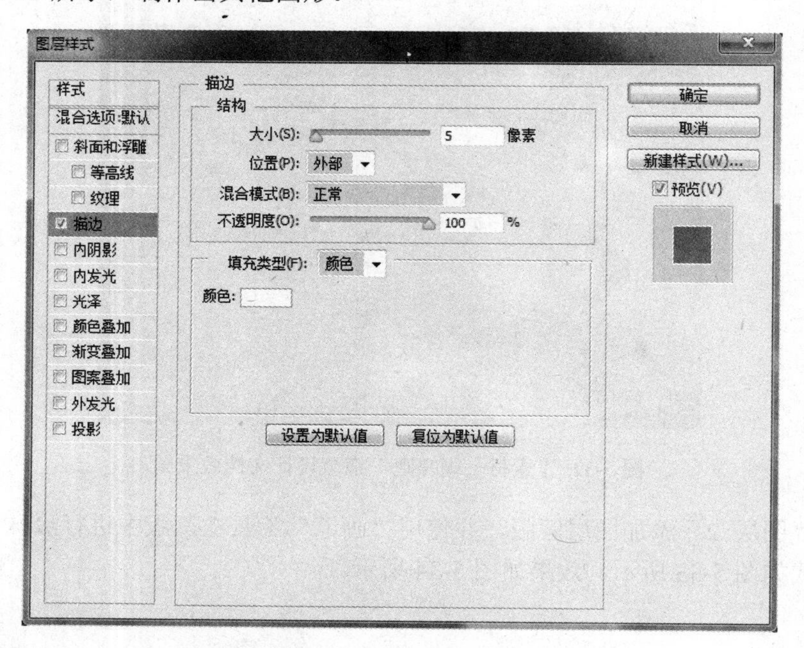

图 5-37　“图层样式”相关参数的设置

（11）使用“横排文字”工具在画布中输入文字，设置字体为“方正超粗黑简体”，字体大小为“40 点”，“加粗”，字体效果为“锐利”，颜色为 CMYK（0、100、0、0），效果如图 5-38 所示。

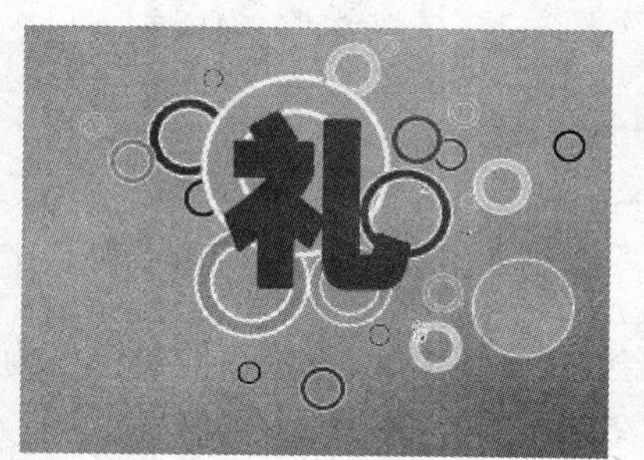

图 5-38　字体效果图

（12）为文字图层添加“描边”样式，得到文字描边效果，如图 5-39 所示。

（13）将“礼”文字图层隐藏，新建“图层 5”，设置“前景色”为黑色，在画布中绘制形状，并将形状图像栅格化，如图 5-40 所示。

（14）将“礼”文字图层显示，得到文字三维效果，输入其他文字，并制作出其他内容，根据前面的制作方法，制作出手袋的其他部分内容，完成该案例的制作，得到最终效果，执行“文字”→“存储为”，将文件保存为“手提袋设计”，最终效果如图 5-41 所示。

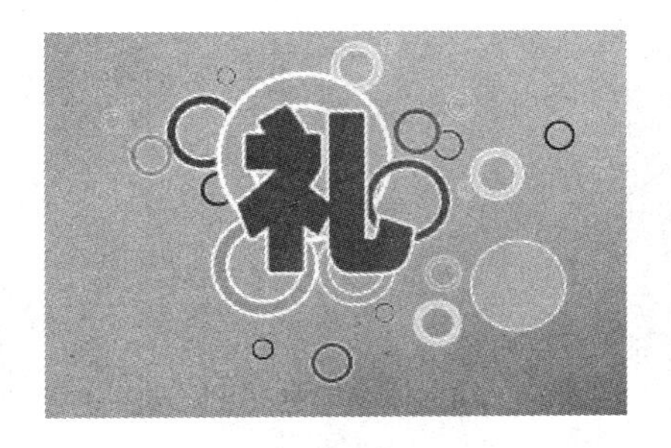

图 5-39　文字“描边”效果图

图 5-40　“礼”文字图层隐藏效果图

图 5-41　最终效果图

5.2.2　实践模式 —— 食物包装设计

1. 目标描述

制作食物包装设计效果。

2. 主要操作步骤

（1）新建文档，使用“渐变”工具填充渐变，并结合“滤镜”和“混合模式”功能制作背景图像，效果如图 5-42 所示。

图 5-42　背景图像效果图

（2）使用“钢笔”工具并结合其他工具，绘制不同的图形，对相应的图层添加蒙版，并导入相应的素材，效果如图 5-43 所示。

图 5-43 导入相应素材效果图

（3）绘制出画布中的其他图形，效果如图 5-44 所示。

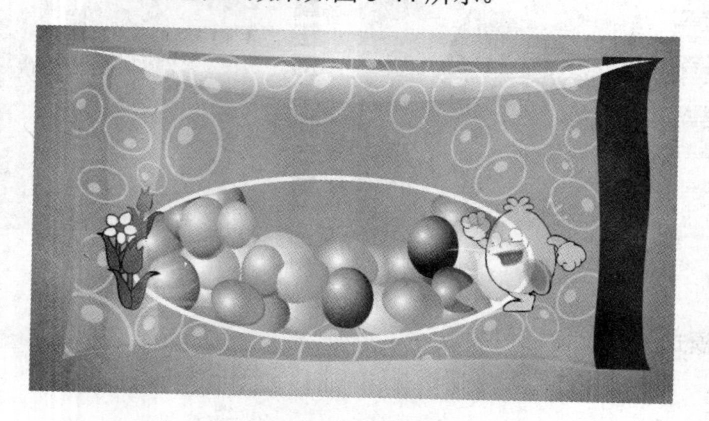

图 5-44 绘制其他图形效果图

（4）使用文字工具在画布中输入相应的文字，绘制出其他图形，完成案例制作，最终效果如图 5-45 所示。

图 5-45 最终效果图

5.3 知 识 点 练 习

一、填空题

1．描边的填充类型有____________________。

2．“字符”面板中“字距”的调整范围是____________________。

二、选择题

1．如果要使从标尺处拖拉出的参考线和标尺上的刻度相对应，需要在按住下列（　　）的同时拖拉参考线。

A．Shift 键　　B．Option 键（Mac）/Alt 键（Win）

C．Command 键（Mac）/Ctrl 键（Win）　　D．Tab 键

2．CMYK 模式的图像颜色通道的个数是（　　）。

A．1　　B．2　　C．3　　D．4

3．在 Photoshop6 中允许一个图像的显示的最大比例范围是（　　）。

A．100%　　B．200%　　C．600%　　D．1600%

4．使用橡皮图章工具在图像中取样的步骤是（　　）。

A．在取样的位置单击鼠标并拖拉

B．按住 Shift 键的同时单击取样位置来选择多个取样像素

C．按住 Alt 键的同时单击取样位置

D．按住 Ctrl 键的同时单击取样位置

5．可以选择连续相似颜色的区域的工具是（　　）。

A．矩形选择工具　　B．椭圆选择工具

C．魔术棒工具　　D．磁性套索工具

6．复制一个图层的步骤是（　　）。

A．选择“编辑”→“复制”

B．选择“图像”→“复制”

C．选择“文件”→“复制图层”

D．将图层拖放到图层面板下方创建新图层的图标上

三、问答题

1．如何精确添加参考线？

2．将路径转换为选区的组合键是什么？

项目6　企业宣传设计

Logo反映了企业的内涵和外在形象，是一种静态识别符号，是企业文化和精神的象征，公司的Logo就是公司的标志图案，是公司给人的第一印象，因而公司的Logo主要追求的是给人以简洁的符号化视觉形象把公司的形象和理念长留人心。

6.1　任务1　企业Logo标志设计

6.1.1　案例一 —— 制作咖啡厅Logo

1. 任务描述

利用"椭圆选区"工具、"钢笔"工具、"画笔描边"等，制作完成咖啡厅Logo设计效果。

2. 能力目标

（1）能熟练运用"椭圆选区"工具进行效果设计。

（2）能熟练运用"钢笔"工具设计图像效果。

（3）能运用"画笔描边"命令进行效果设计。

3. 任务效果图（见图6-1）

图6-1　任务效果图

4. 操作步骤

（1）执行"文件"→"新建"命令，弹出"新建"对话框，在该对话框中进行设置，如图6-2所示。

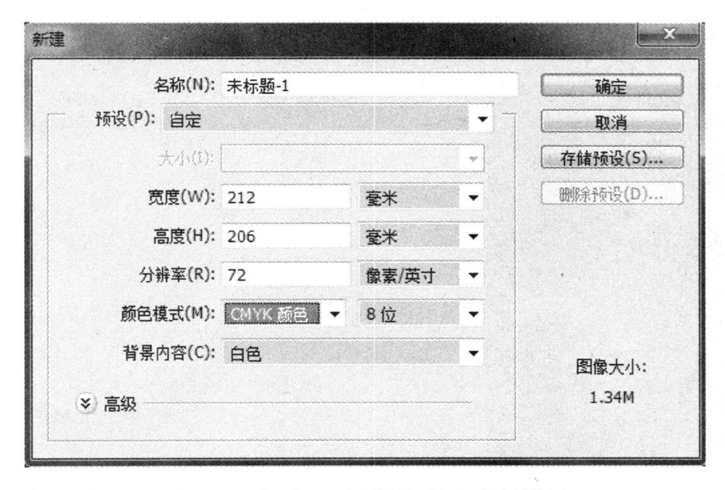

图 6-2 “新建”对话框相关参数的设置

（2）新建“图层 1”，如图 6-3 所示，使用“椭圆选框”工具在画布中绘制选区，设置“前景色”为 CMYK（24、16、18、0），为选区填充前景色，效果如图 6-4 所示。

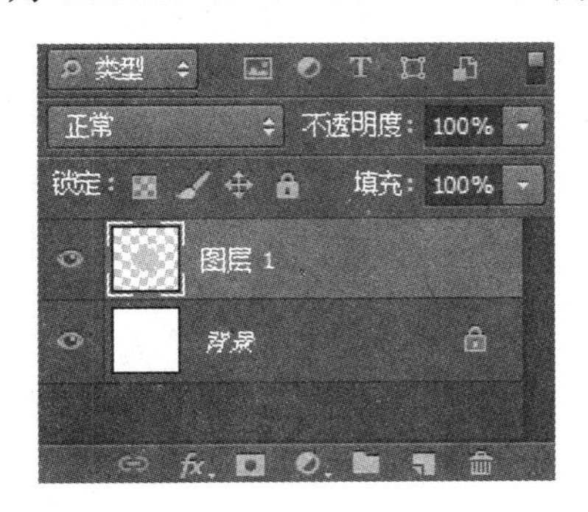

图 6-3 新建“图层 1”

图 6-4 为选区填充前景色效果图

（3）新建“图层 2”、“图层 3”，如图 6-5 所示，使用同样的方法，完成相似内容的制作，效果如图 6-6 所示。

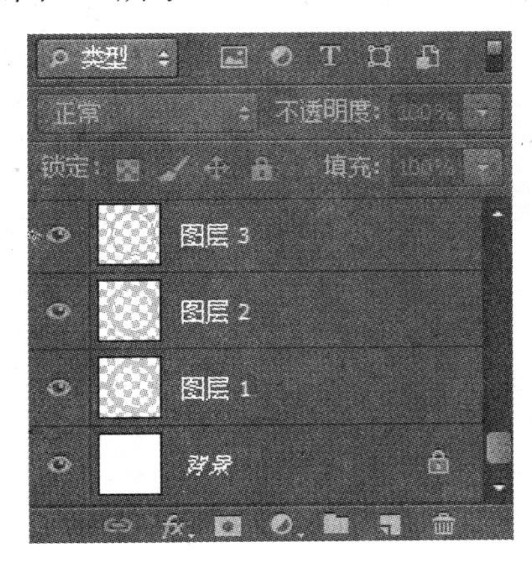

图 6-5 新建“图层 2”和“图层 3”

图 6-6 不同选区填充前景色效果图

（4）使用“钢笔”工具，在画布中绘制路径，使用“横排文字”工具在“字符”面板中进行设置，在路径上输入文字，文字设置如图 6-7 所示，效果如图 6-8 所示。

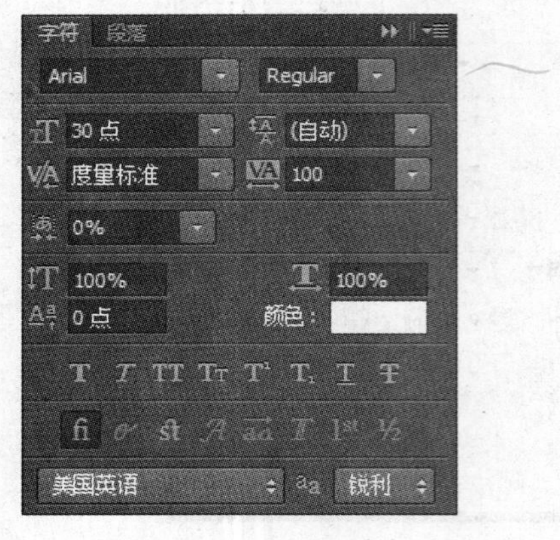

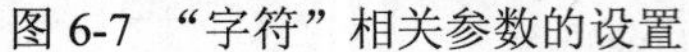

图 6-7 “字符”相关参数的设置

图 6-8 绘制“路径”和输入“文字”效果图

（5）使用同样的方法，完成相似内容的制作，如图 6-9、图 6-10 所示。

图 6-9 图层选择

图 6-10 绘制“路径”和输入“文字”效果图

（6）新建“图层 4”，如图 6-11 所示，使用“钢笔”工具在画布上绘制路径，将路径转换为选区，设置“前景色”为 CMYK（2、19、23、0），为选区填充前景色，效果如图 6-12 所示。

图 6-11 新建“图层 4”

图 6-12 选区设置效果图

（7）使用同样的方法，完成相似内容的制作，如图 6-13、图 6-14 所示。

图 6-13 新建图层

图 6-14 选区设置效果图

（8）新建“图层 8”，如图 6-15 所示，使用“钢笔”工具在画布中绘制路径，如图 6-16 所示。

图 6-15 新建“图层 8”

图 6-16 路径绘制效果图

（9）打开“路径”面板，选择合适的画笔，如图 6-17 所示，在“路径”上单击“画笔描边”按钮，为路径描边，效果如图 6-18 所示。

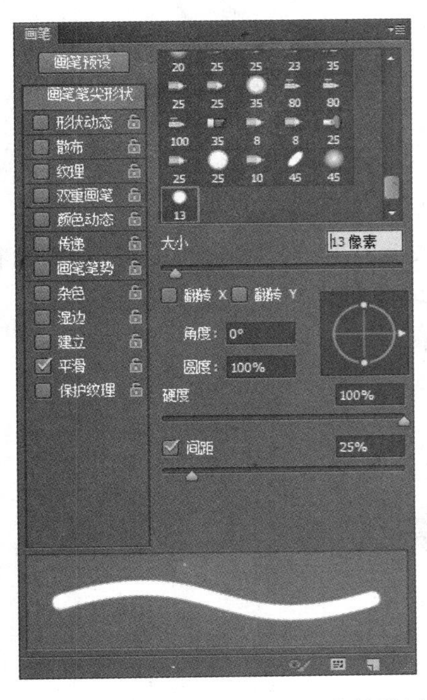

图 6-17 “画笔描边”相关参数的设置

图 6-18 路径描边效果图

（10）使用相同的方法，完成相似内容的制作，如图 6-19、图 6-20 所示。

图 6-19　新建图层

图 6-20　路径描边效果图

（11）使用“横排文字”工具，在“字符”面板中进行设置，如图 6-21 所示，在画布中输入文字，按组合键 Ctrl+T 为文字进行变换操作，效果如图 6-22 所示。

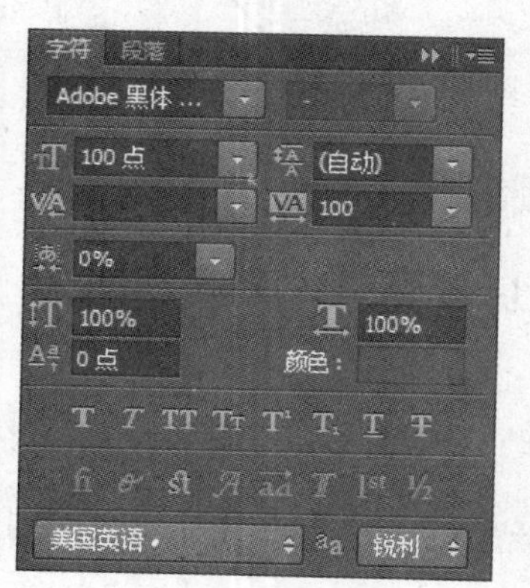

图 6-21　“字符”相关参数的设置

图 6-22　文字效果图

（12）栅格化文字图层，将文字图层载入选区，在文字图层下方新建“图层 10”，执行“选择”→“修改”→“扩展”命令，扩大选区，为选区填充白色，效果如图 6-23 所示。

图 6-23　选区设置效果图

（13）取消选区，双击“图层 10”，在弹出的“图层样式”对话框左侧选择“投影”选项，并进行设置，如图 6-24、图 6-25 所示。

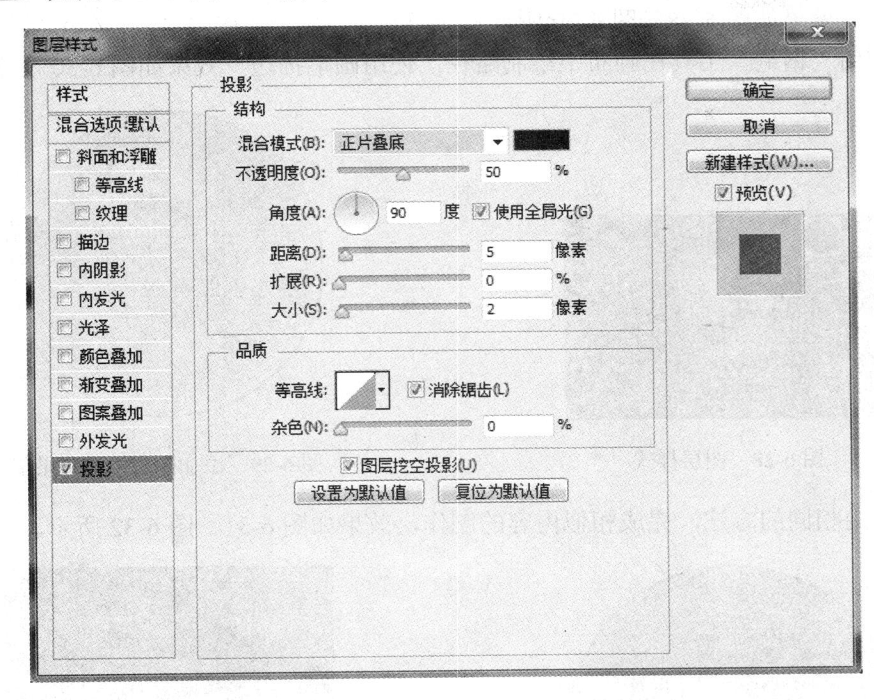

图 6-24 “图层样式”相关参数的设置

（14）使用相同的方法，完成相似内容的制作，如图 6-26、图 6-27 所示，执行“文件”→“保存”命令，将其保存为“制作咖啡厅 Logo”。

图 6-25 投影效果图

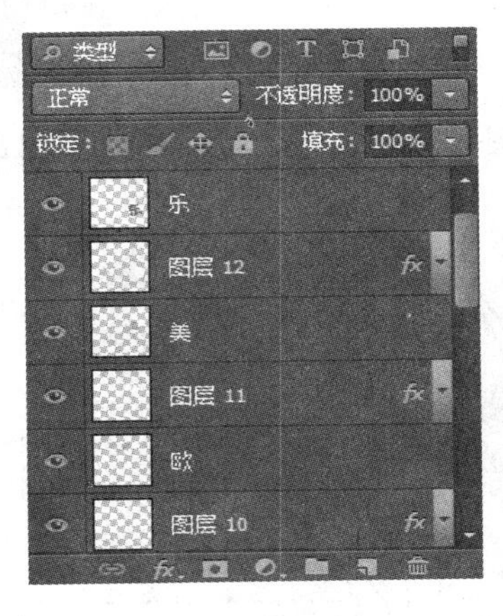

图 6-26 新建图层

图 6-27 最终效果图

6.1.2 实践模式 —— 制作网络公司 Logo

1. 目标描述

制作网络公司 Logo 设计效果。

2. 主要操作步骤

（1）新建文档，使用“椭圆选框”工具，在画布中绘制选区，填充为黑色，并添加相应的图层样式，效果如图 6-28、图 6-29 所示。

（2）使用“钢笔”工具在画布中绘制路径，使用画笔描边，效果如图 6-30 所示。

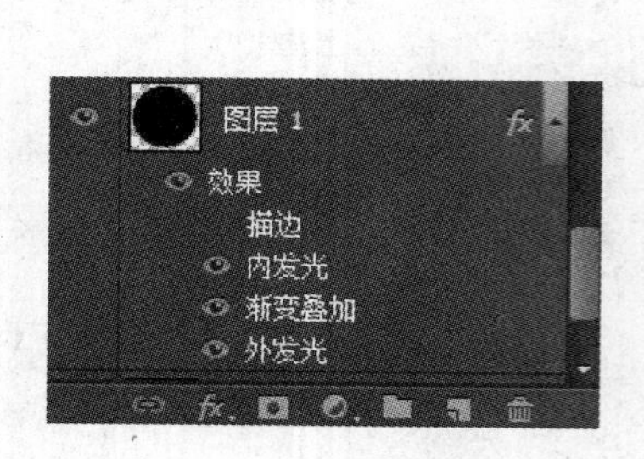

图 6-28　图层样式

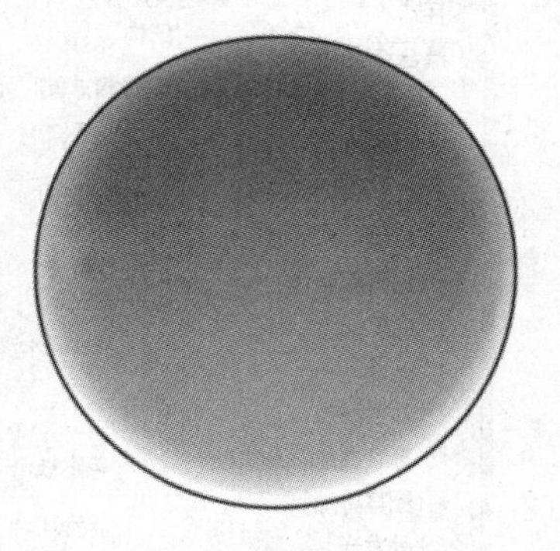

图 6-29　添加图层样式效果图

（3）使用相同的方法，完成相似内容的制作，效果如图 6-31、图 6-32 所示。

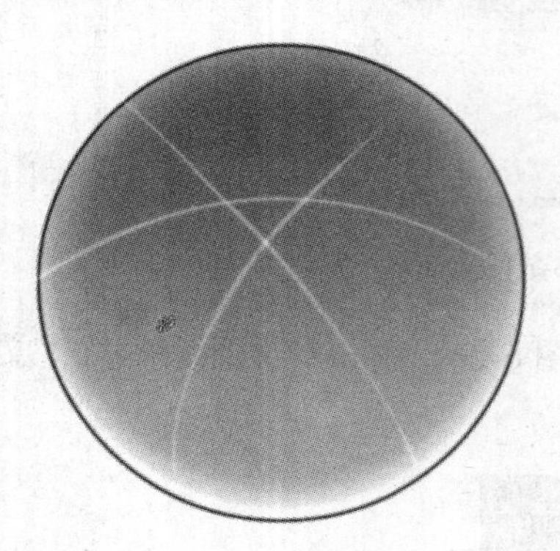

图 6-30　画笔描边效果图

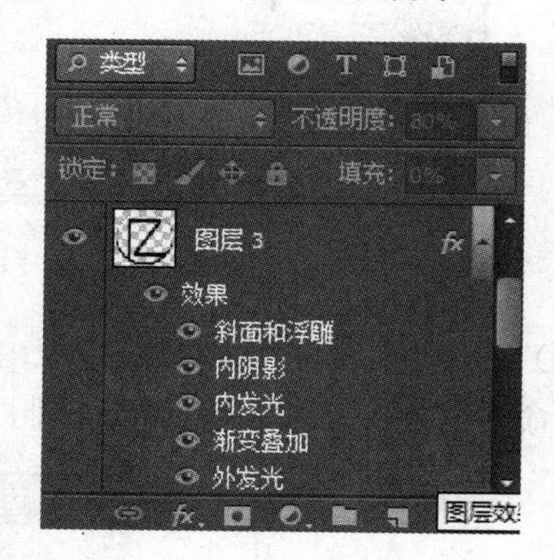

图 6-31　新建图层样式

图 6-32　画笔描边效果图

（4）使用“椭圆选框”工具，在画布中绘制图形，添加相应图层样式，如图 6-33 所示，得到最终效果，如图 6-34 所示。

图 6-33 添加图层样式

图 6-34 最终效果图

6.2 任务2 企业名片设计

6.2.1 案例一 —— 装饰公司名片设计

1. 任务描述

利用“矩形选框”工具、“钢笔”工具、“文字”工具等，制作完成装饰公司名片设计效果。

2. 能力目标

（1）能熟练运用“矩形选框”工具进行效果设计。

（2）能熟练运用“钢笔”工具设计图像效果。

（3）能运用“文字”工具进行效果设计。

3. 任务效果图（见图 6-35）

图 6-35 任务效果图

4. 操作步骤

（1）执行“文件”→“新建”命令，弹出“新建”对话框，进行相应设置，如图 6-36 所示。

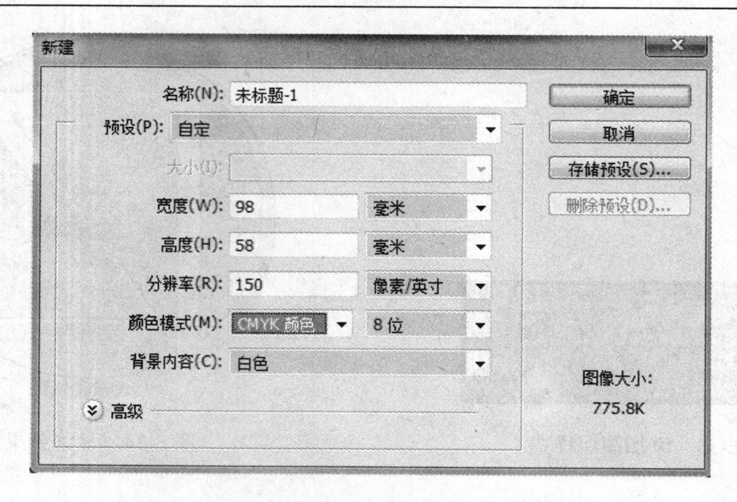

图 6-36 “新建”对话框相关参数的设置

（2）执行“视图”→“标尺”命令，显示文档标尺，在画布中拖出参考线，定位四边的出血区域，如图 6-37 所示。

图 6-37 参考线设置

（3）新建“图层 1”，使用“钢笔”工具在画布中绘制路径，效果如图 6-38 所示。

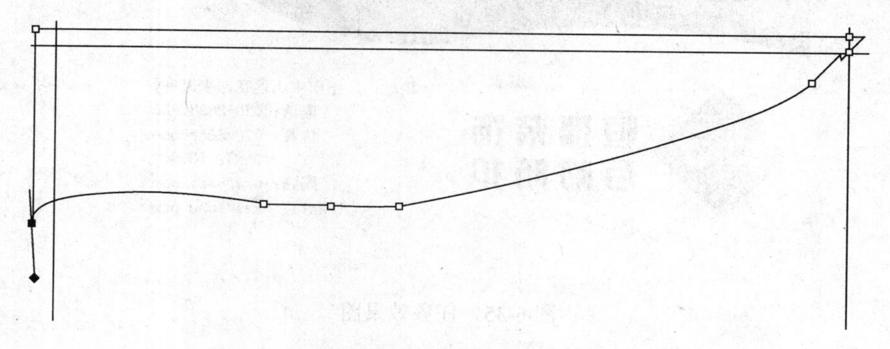

图 6-38 绘制路径效果图

（4）按组合键 Ctrl+Enter 将路径转换为选区，设置前景色为 CMYK（0、0、0、10），为选区填充前景色，效果如图 6-39 所示。

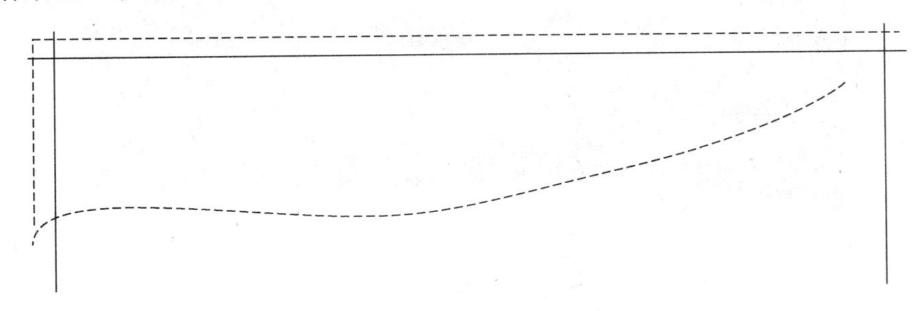

图 6-39 为选区填充前景色效果图

（5）使用相同的方法，完成其他相似内容的制作，选中除“背景”图层以外的所有图层，合并图层得到“图层 1”，如图 6-40 所示，效果如图 6-41 所示。

图 6-40 图层 1

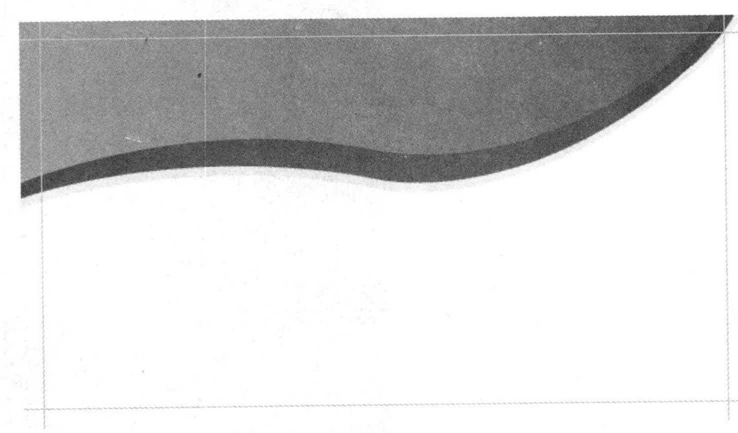

图 6-41 效果图

（6）使用“横排文字”工具，在字符面板中进行设置，在画布中输入文字，如图 6-42 所示，效果如图 6-43 所示。

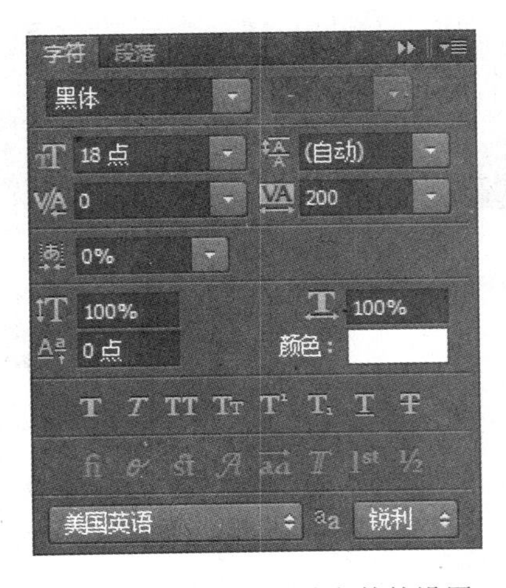

图 6-42 “字符”相关参数的设置

图 6-43　文字效果图

（7）使用相同的方法，在画布中输入其他文字，如图 6-44 所示，效果如图 6-45 所示。

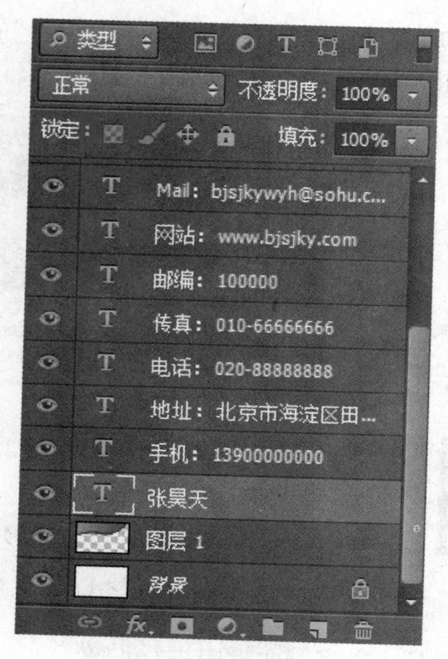

图 6-44　新建图层

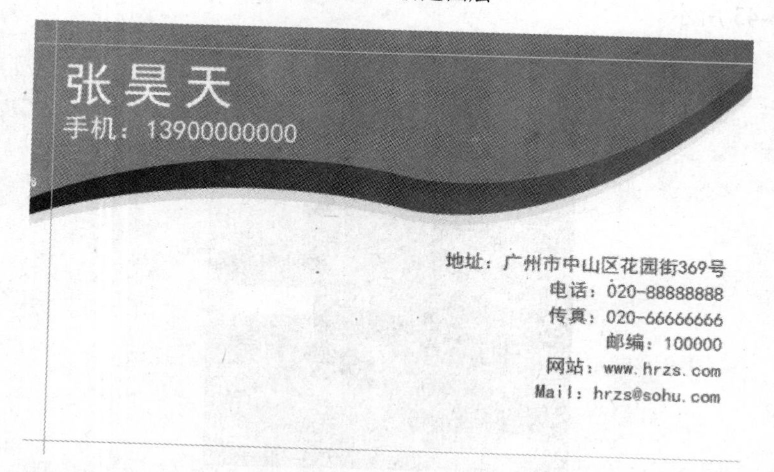

图 6-45　其他文字效果图

（8）新建“图层2”，使用“矩形选框”工具在画布中绘制选区，设置“前景色”为CMYK（67、38、6、0），为选区填充前景色，效果如图6-46所示。

（9）执行“编辑”→“自由变换”命令，对图像进行变换操作，效果如图6-47所示。

图6-46 选区填充前景色效果图

图6-47 “自由变换”效果图

（10）新建“图层 3”，使用“直线”工具在“选项”栏上单击“填充像素”按钮，设置“粗细”为2px，设置“前景色”为CMYK（53、29、7、2），在画布中绘制图形，效果如图6-48所示。

（11）复制“图层 3”得到“图层 3 副本”，并将图像移动到合适位置，效果如图 6-49所示。

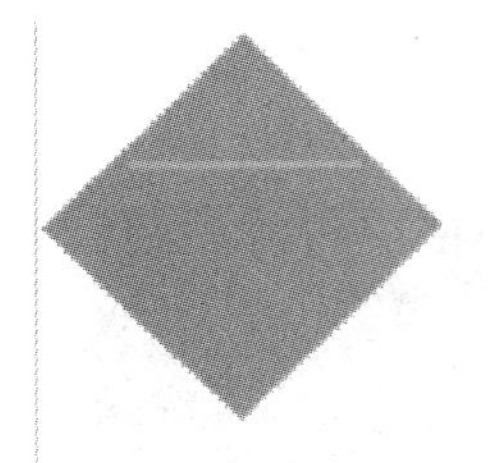

图6-48 图形绘制效果图

图6-49 复制“图层3”效果图

（12）在画布中输入其他文字，完成该案例的制作，执行“文件”→“保存”命令，命名为“装饰公司名片设计”，最终效果如图6-50所示。

图6-50 最终效果图

6.2.2 案例二 —— 科技公司名片设计

1. 目标描述

制作科技公司名片设计效果。

2. 主要操作步骤

（1）打开背景“6-1”素材，使用“钢笔”工具绘制图像，并进行效果设计，效果如图 6-51 所示。

图 6-51 图像绘制效果图

（2）拖入“6-2”素材，设置“混合模式”和“不透明度”，添加“投影”图层样式，拖入“6-3”素材，并添加图层样式，效果如图 6-52 所示。

图 6-52 相关素材设置效果图

（3）使用“椭圆选框”工具在画布中创建选区，对选区进行描边，执行“高斯模糊”操作，如图 6-53 所示。

图 6-53 “高斯模糊”效果图

（4）使用“椭圆选框”工具、“横排文字”工具完成其他内容的制作，最终效果如图6-54所示。

图6-54　最终效果图

6.3　知 识 点 练 习

一、填空题

1．为一个名称为“图层2”的图层增加一个图层蒙版，通道调板中会增加一个临时的蒙版通道，名称会是____________________。

2．在通道调板中按住____________________功能键的同时单击垃圾桶图标，就可直接将选中的通道删除。

二、选择题

1．移动一条参考线的方法是（　　）。

A．选择移动工具拖拉

B．无论当前使用何种工具，按住Alt键的同时单击鼠标

C．在工具箱中选择任何工具进行拖拉

D．无论当前使用何种工具，按住Shift键的同时单击鼠标

2．可以选择连续的相似颜色的区域的工具是（　　）。

A．矩形选择工具　　B．椭圆选择工具

C．魔术棒工具　　D．磁性套索工具

3．下列颜色模式中，色域最宽的是（　　）。

A．灰度模式　　B．CMYK模式　　C．RGB模式　　D．索引模式

4．下列可以“用于所有图层”的选区创建工具是（　　）。

A．魔棒工具　　B．矩形选框工具

C．椭圆选框工具　　D．套索工具

5．若将当前使用的钢笔工具切换为选择工具，须按住的键是（　　）。

A．Shift键　　B．Alt（Win）/Option（Mac）键

C．Ctrl键　　D．Caps Lock键

6．下列关于背景层的描述正确的是（　　）。

A．在图层调板上背景层是不能上下移动的，只能是最下面一层

B．背景层可以设置图层蒙版

C．背景层不能转换为其他类型的图层

D．背景层不可以执行滤镜效果

三、问答题

1．什么是路径文字？

2．如何更好地调整路径的形状？

项目7 网 页 设 计

网页设计——网站是企业向用户和网民提供信息（包括产品和服务）的一种方式，是企业开展电子商务的基础设施和信息平台，离开网站（或者只是利用第三方网站）去谈电子商务是不可能的。企业的网址被称为“网络商标”，也是企业无形资产的组成部分，而网站是Internet上宣传和反映企业形象和文化的重要窗口。

7.1 任务1 个人网站页面设计

7.1.1 案例 —— 制作个人网站导航背景

1. 任务描述

利用“圆角矩形”工具、“画笔”工具、“渐变叠加”命令、“线条”工具等，制作完成个人网站导航背景设计效果。

2. 能力目标

（1）能熟练运用“圆角矩形”工具进行效果设计。

（2）能熟练运用“画笔”工具、“线条”工具设计图像效果。

（3）能运用“渐变叠加”命令进行效果设计。

3. 任务效果图（见图7-1）

图7-1 任务效果图

4. 操作步骤

（1）执行“文件”→“新建”命令，弹出“新建”对话框，进行相应的设置。新建“图层 1”，设置“前景色”为 RGB（38、14、60），如图 7-2 所示。

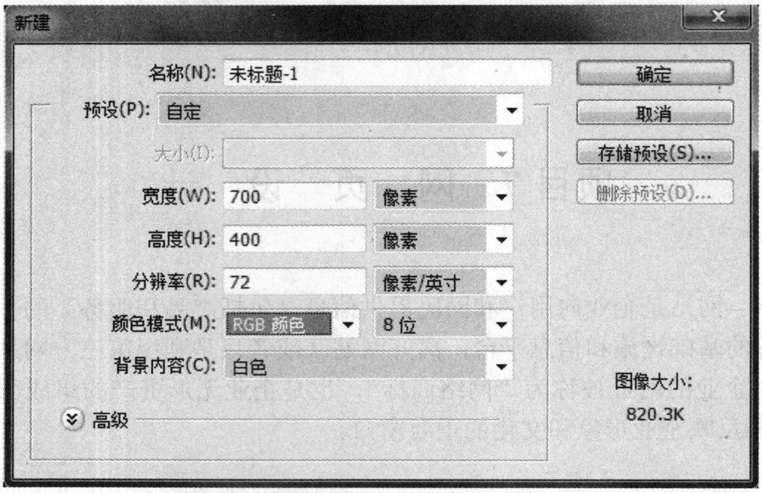

图 7-2 “新建”对话框相关参数的设置

（2）使用“圆角矩形”工具，在“选项”栏上单击“填充像素”按钮，设置“半径”为 15 像素，在画布中拖动，绘制圆角矩形，效果如图 7-3 所示。

图 7-3 “圆角矩形”效果图

（3）使用“椭圆选框”工具在画布中绘制椭圆选区，在选区内右击，选择“羽化”命令，羽化选区，羽化半径为 50，如图 7-4 所示。

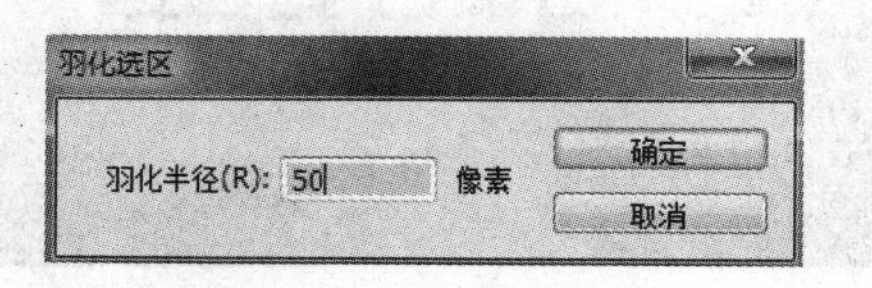

图 7-4 “羽化”相关参数的设置

（4）新建“图层 2”，在刚刚羽化的选区中填充白色景色，设置该图层的“混合模式”为“叠加”，如图 7-5 所示。

（5）按组合键 Ctrl+J 通过复制“图层 2”，得到“图层 2 副本”，如图 7-6、图 7-7 所示。

图 7-5　“叠加”效果图

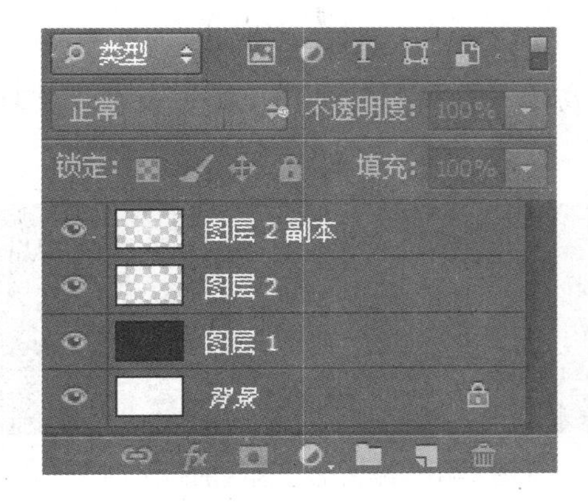

图 7-6　图层复制

图 7-7　效果图

（6）新建“图层 3”，使用“矩形选框”工具在画布中绘制矩形，在选区内右击，选择“调整边缘”命令，如图 7-9 所示。平滑选区，效果如图 7-9 所示。

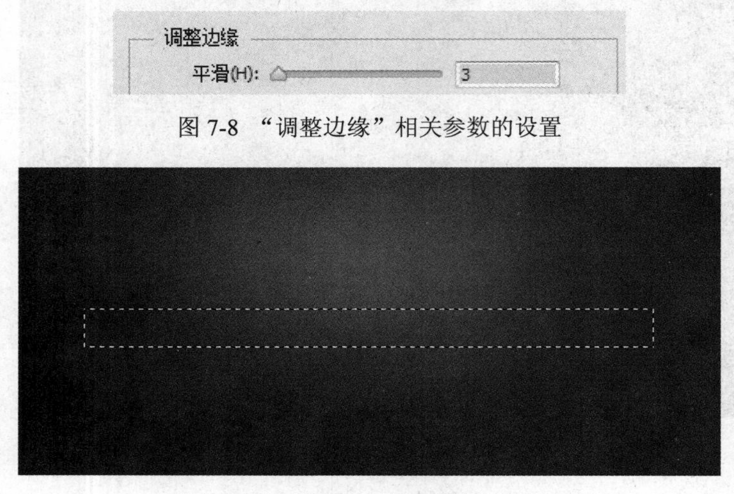

图 7-8 “调整边缘”相关参数的设置

图 7-9 “矩形选框”平滑选区的效果图

（7）完成选区的平滑，按住 Alt 键继续使用“矩形选框”工具在画布中拖动，将部分选区减去，效果如图 7-10 所示。

图 7-10 减去部分选区的效果图

（8）完成选区操作，使用“渐变”工具在画布中填充“白色到透明”的渐变。在“图层”面板上设置“图层 3”的“混合模式”为“叠加”，效果如图 7-11 所示。

图 7-11 “叠加”效果图

（9）按快捷键 Ctrl+J 通过复制“图层 3”，得到“图层 3 副本”，执行“编辑”→“变换”→“垂直翻转”命令，并将其移至合适的位置，效果如图 7-12 所示。

图 7-12 “垂直翻转”效果图

（10）新建“图层 4”，使用“直线”工具在画布中绘制白色线条，效果如图 7-13 所示。

图 7-13 “绘制白色线条”效果图

（11）设置“图层 4”的“混合模式”为“叠加”，使用相同的方法复制“图层 4”，得到“图层 4 副本”，效果如图 7-14 所示。

图 7-14 “图层 4 副本”的效果图

（12）新建“图层 5”，使用“椭圆选框”工具在画布中绘制正圆选区，填充白色到透明的渐变，效果如图 7-15 所示。

图 7-15 “图层 5”的效果图

（13）设置“前景色”为“白色”，使用“画笔”工具，打开“画笔”面板进行相应设置，如图 7-16 所示。

（14）完成“画笔”面板的设置，在“选项”栏上设置“不透明度”为“50%”，继续在“图层 5”上进行绘制，使用半透明的“橡皮擦”进行细微涂抹，得到新的图像效果，如图 7-17 所示。

（15）使用“横排文字”工具，在“字符”面板中进行相关参数的设置，如图 7-18 所示。输入相应的文字内容，效果如图 7-19 所示。

（16）双击文字图层，弹出“图层样式”对话框，在左侧选择“投影”选项并进行相关参数的设置，如图 7-20 所示。

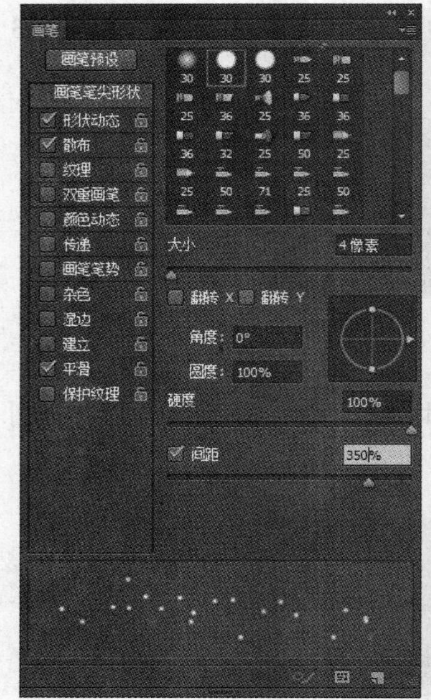

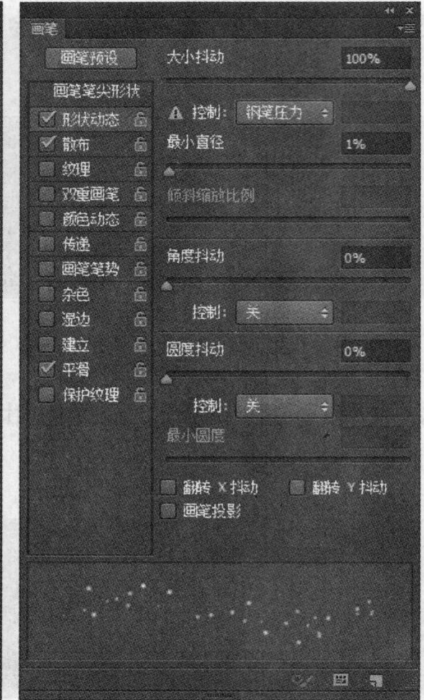

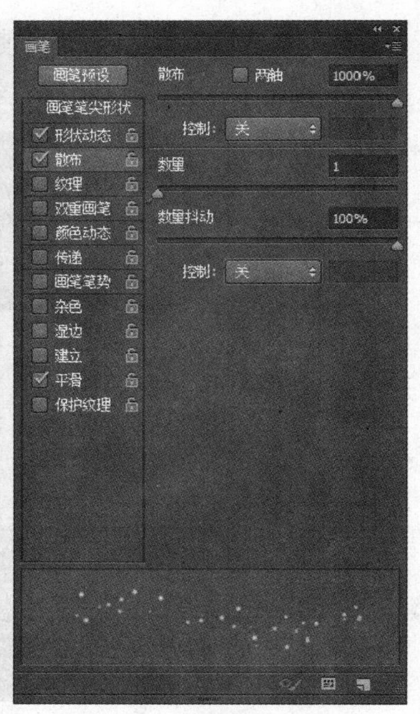

图 7-16 “画笔”相关参数的设置

图 7-17 新的图像效果图

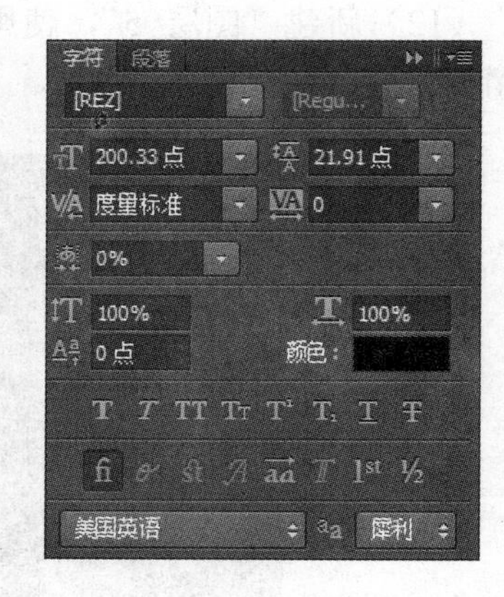

图 7-18 “字符”相关参数的设置

图 7-19 输入文字的效果图

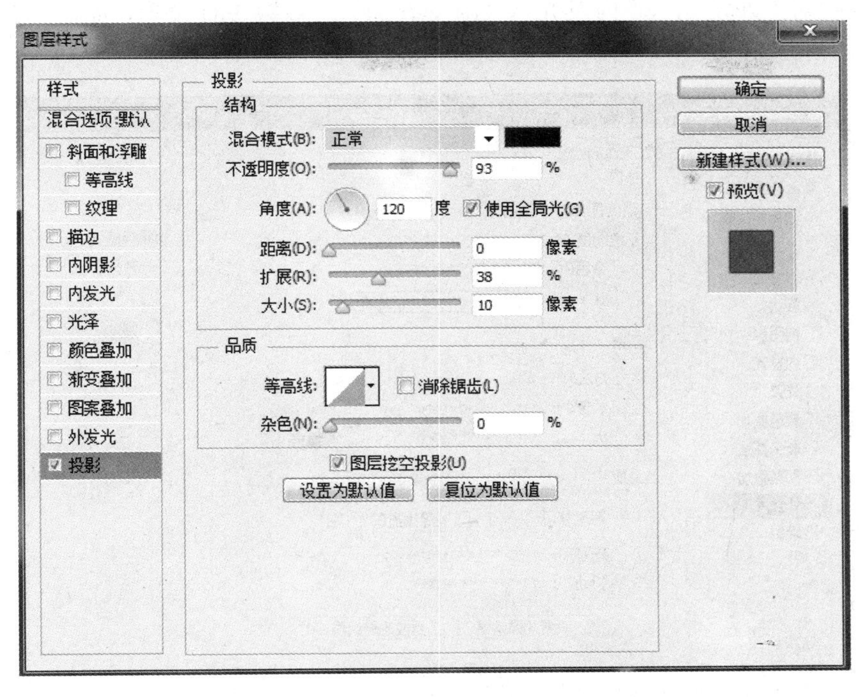

图 7-20　文字图层“投影”相关参数的设置

（17）复制文字图层，得到“sunART 副本”图层，双击该图层，弹出“图层样式”对话框，对“投影”进行修改，如图 7-21 所示。

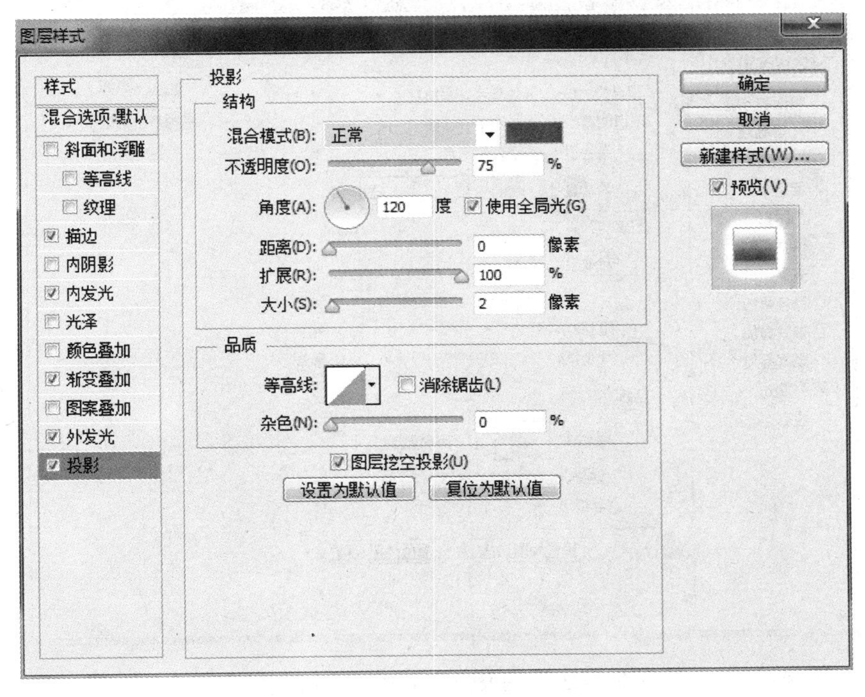

图 7-21　“sunART 副本”图层“投影”相关参数的设置

（18）分别对“外发光”、“内发光”、“渐变叠加”的参数进行设置，如图 7-22～图 7-24 所示。

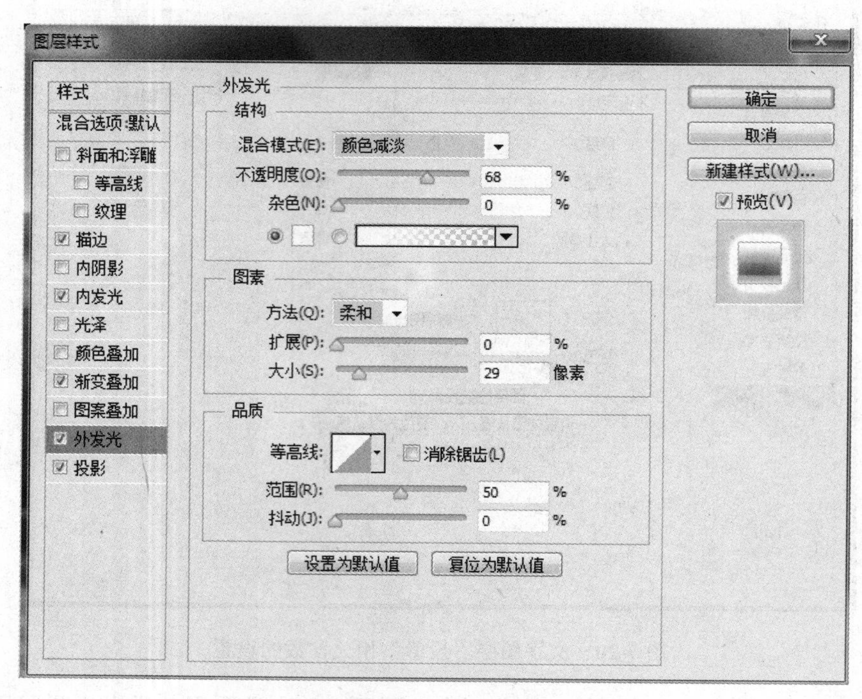

图 7-22 “外发光”相关参数的设置

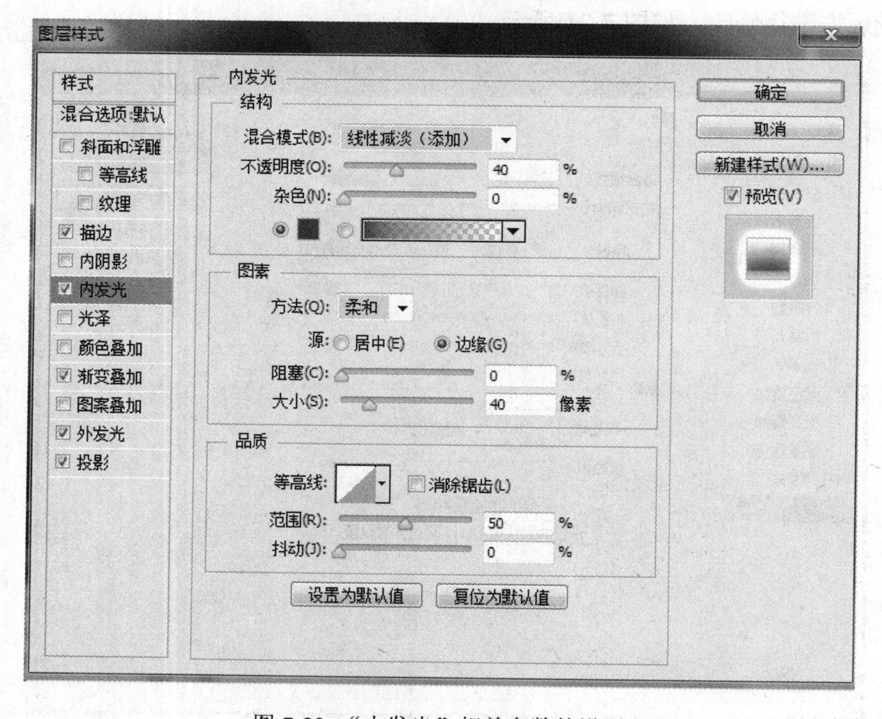

图 7-23 “内发光”相关参数的设置

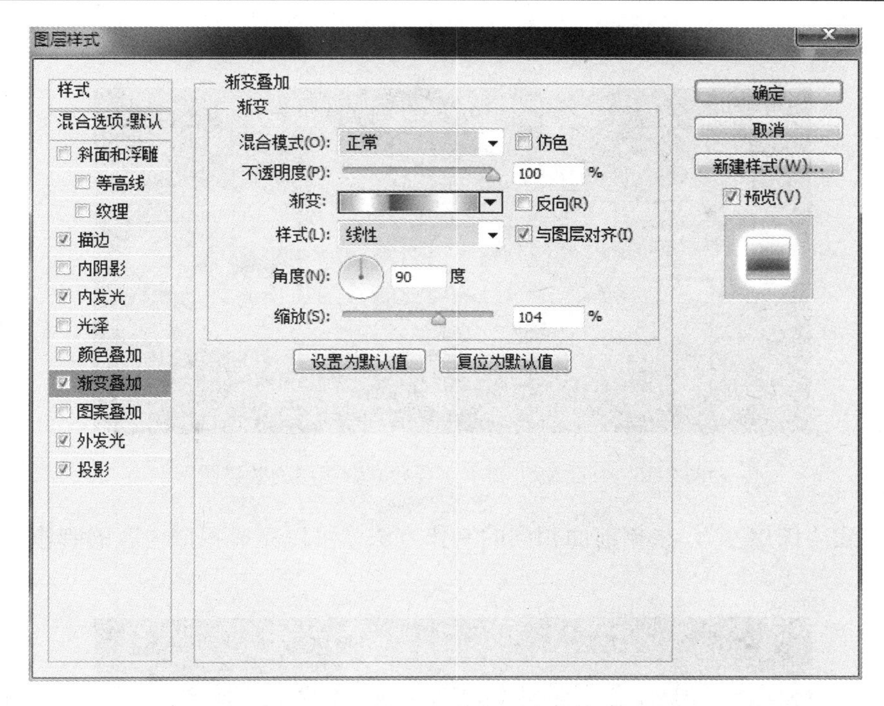

图 7-24 “渐变叠加”相关参数的设置

（19）继续对“描边”的相关参数进行设置，完成图层样式的添加，如图 7-25 所示。

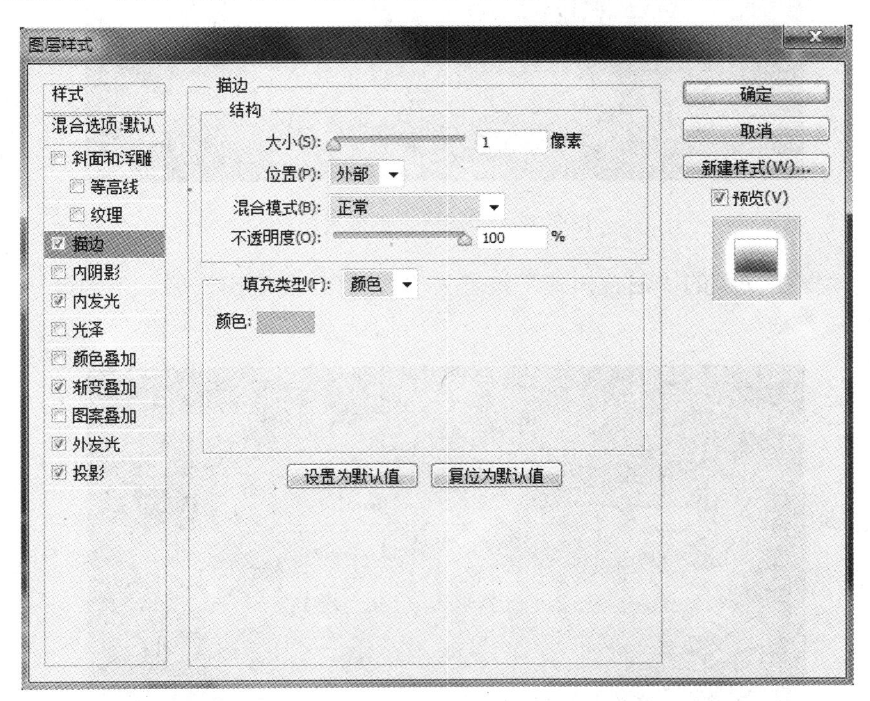

图 7-25 “描边”相关参数的设置

（20）将两个文字图层同时选中，按组合键 Ctrl+Alt+E 复制到新的图层，得到“sunART

副本（合并）”图层，效果如图 7-26 所示。

图 7-26 “sunART 副本（合并）”图层的效果图

（21）新建“图层 6”，根据前面相同的制作方法，可以完成相似内容的制作，效果如图 7-27 所示。

图 7-27 “图层 6”的效果图

（22）将“图层 6”的“混合模式”设置为“叠加”，复制出三层，得到最终效果，如图 7-28 所示。

图 7-28 最终效果图

7.1.2 实践模式 —— 制作个人网站导航

1. 任务描述

利用“圆角矩形”工具、“描边”命令等，制作完成个人网站导航设计最终效果。

2. 能力目标

（1）能熟练运用“圆角矩形”工具进行效果设计。

（2）能运用“描边”命令进行效果设计。

3. 任务效果图（见图 7-29）

图 7-29 任务效果图

4. 操作步骤

（1）新建“图层 7”，使用“圆角矩形”工具，取半径 4 像素，在画布中绘制白色的圆角矩形，效果如图 7-30 所示。

图 7-30 “圆角矩形”效果图

（2）双击“图层 7”，弹出“图层样式”对话框，分别对“投影”、“外发光”、“渐变叠加”的参数进行设置，如图 7-31～图 7-33 所示。

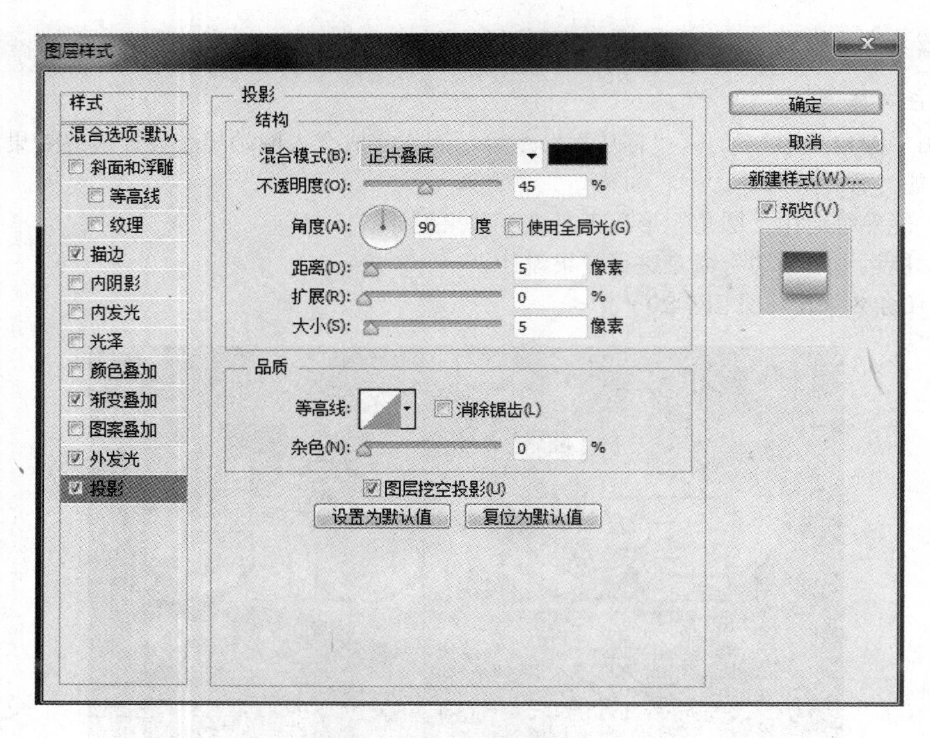

图 7-31 “投影”相关参数的设置

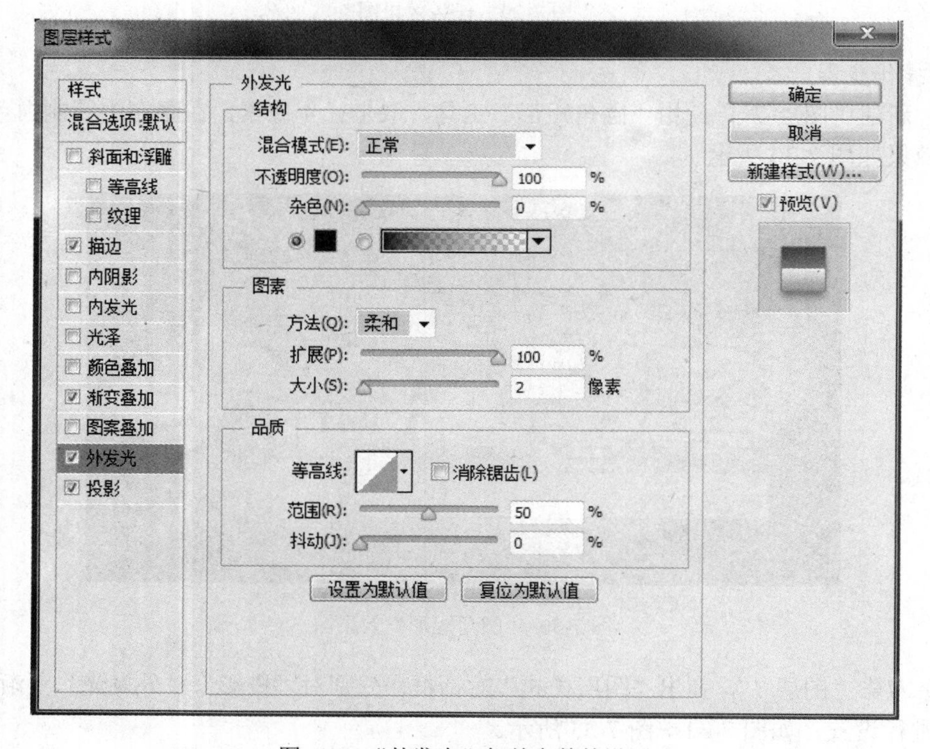

图 7-32 “外发光”相关参数的设置

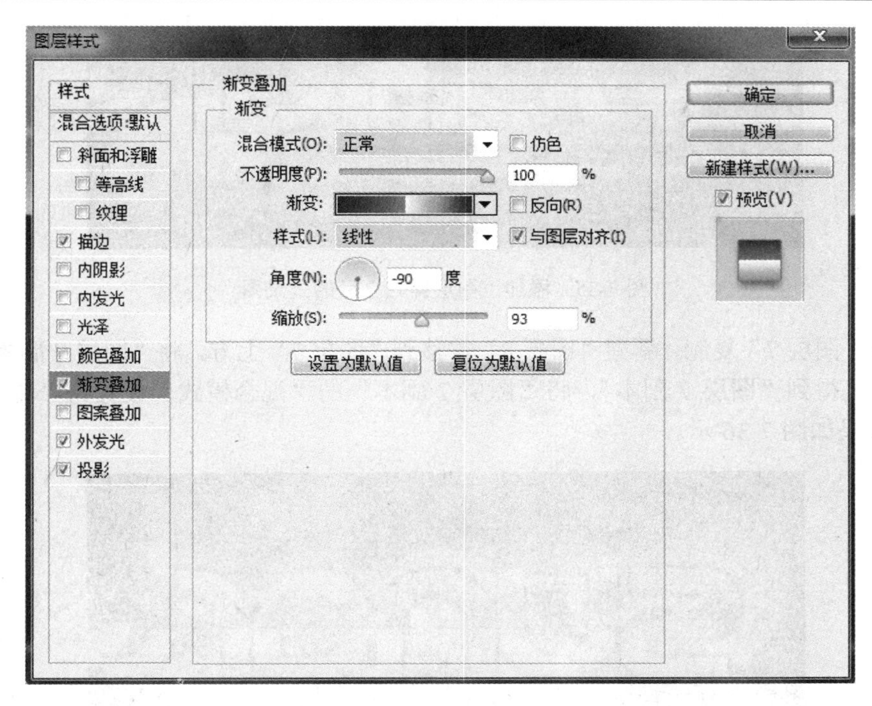

图 7-33　“渐变叠加”相关参数的设置

（3）继续对“描边”的参数进行设置，如图 7-34 所示。完成图层样式的添加，效果如图 7-35 所示。

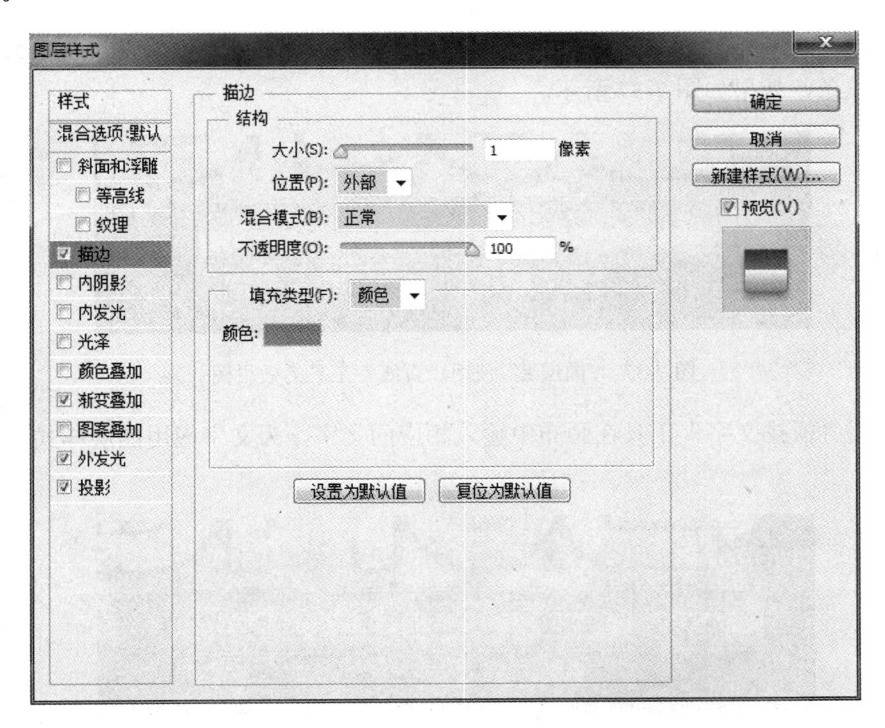

图 7-34　“描边”相关参数的设置

图 7-35 添加“图层样式”后的效果图

（4）将“图层 7”复制，新建“图层 8”并移到“图层 7”上方，将“图层 7 副本”与“图层 8”合并，得到“图层 7 副本”，将“图层 7 副本”的“混合模式”设置为“滤色”，复制该图层，效果如图 7-36 示。

图 7-36 效果图

（5）新建“图层 8”，使用“直线”工具在画布中绘制“不透明度”为 70%的多条灰色和白色相邻的线条，效果如图 7-37 所示。

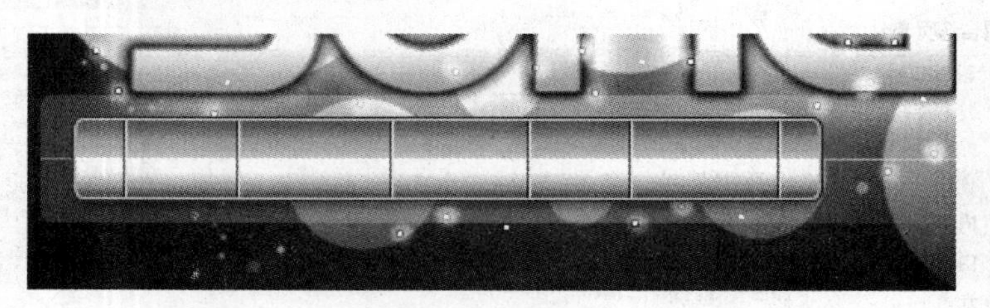

图 7-37 “图层 8”使用“直线”工具的效果图

（6）使用“横排文字”工具在画布中输入相应的文字，为文字应用图层样式，效果如图 7-38 所示。

图 7-38 “横排文字”的效果图

（7）根据前面相同的方法，可以完成其他相似的内容制作，得到最终效果图，如图 7-39 所示，并保存文件，命名为“制作个人网站”。

图 7-39 最终效果图

7.2 任务2 商业网站页面设计

7.2.1 案例 —— 制作美容类网站页面背景

1. 任务描述

利用“钢笔”工具、“图层样式”命令、图层蒙版等，制作完成美容类网站背景页面设计。

2. 能力目标

（1）能熟练运用“钢笔”工具进行效果设计。

（2）能熟练运用“图层样式”命令设计图像效果。

（3）能运用图层蒙版进行效果设计。

3. 任务效果图（见图 7-40）

图 7-40 任务效果图

4. 操作步骤

（1）执行“文件”→“新建”命令，弹出“新建”对话框，进行相应设置，如图 7-41 所示。

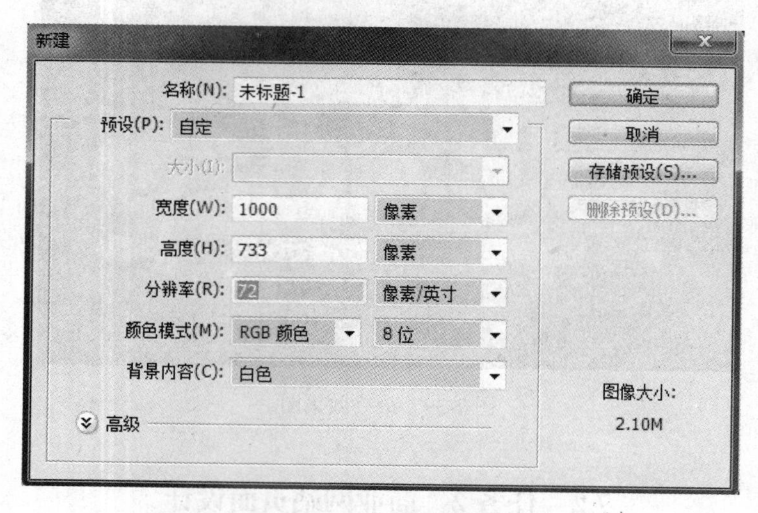

图 7-41 “新建”对话框相关参数的设置

（2）设置“前景色”为 RGB（175、151、130），在画布中填充前景色。新建“图层 1”，使用“渐变”工具在画布中填充“白色到透明”的径向渐变，效果如图 7-42 所示。

（3）为“图层 1”添加图层蒙版，如图 7-43 所示，在蒙版中填充“黑色到透明”的线性渐变，效果如图 7-44 所示。

图 7-42 “白色到透明”的径向渐变填充效果图

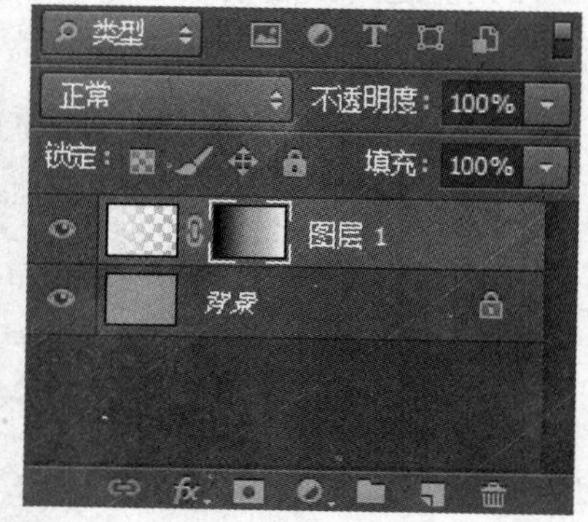

图 7-43 图层 1

（4）使用“画笔”工具，设置“前景色”为 RGB（200、161、124），打开“画笔”面板进行设置，如图 7-45 所示。

（5）新建“图层 2”，在画布中相应的位置进行绘制，效果如图 7-46 所示。

图 7-44 “黑色到透明”的线性渐变填充效果图

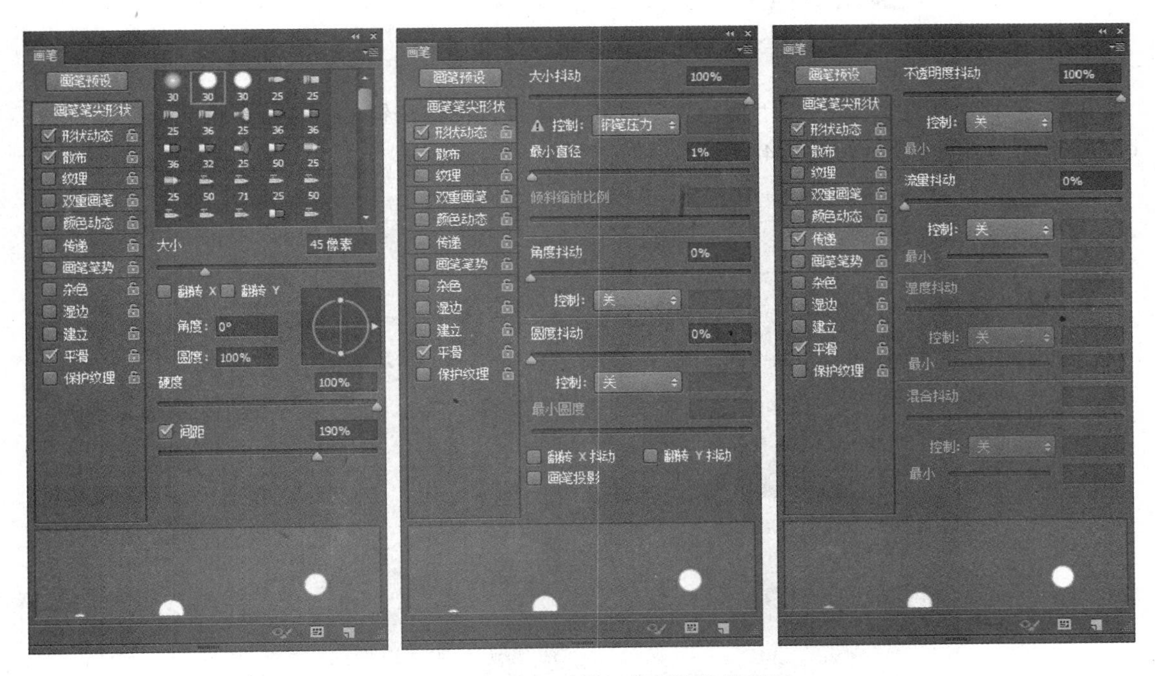

图 7-45 “画笔”面板相关参数的设置图

图 7-46 “图层 2”被绘制后的效果图

（6）打开并拖入图片“7-1 素材”，自动生成“图层 3”，效果如图 7-47 所示。

图 7-47 “图层 3”效果图

（7）新建“图层 4”，使用“钢笔”工具绘制路径，按组合键 Ctrl+Enter 将其转化为选区，填充任意前景色，效果如图 7-48 所示。

图 7-48 “图层 4”效果图

（8）双击“图层 4”，弹出“图层样式”对话框，在左侧选择“渐变叠加”选项，进行相关参数的设置，如图 7-49 所示，渐变颜色相关参数的设置如图 7-50 所示。

（9）完成“渐变叠加”图层样式的添加，可以看到图像效果如图 7-51 所示。

（10）使用相同的方法，可以完成相似内容的制作，调整相应的图层顺序，如图 7-52 所示，得到最终背景效果图，如图 7-53 所示。

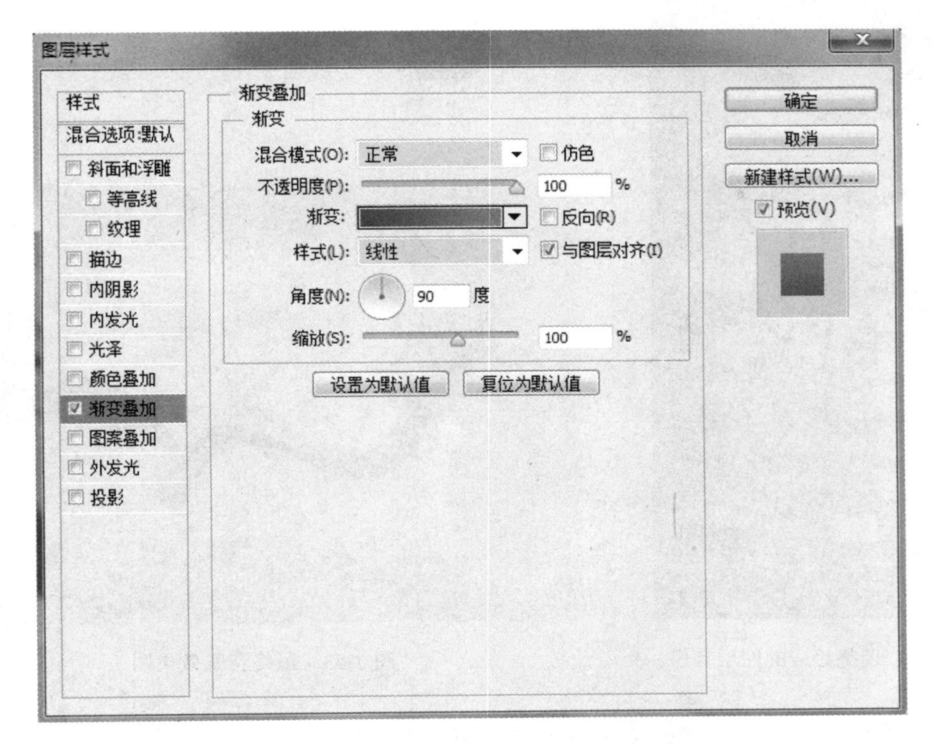

图 7-49 “渐变叠加”相关参数的设置

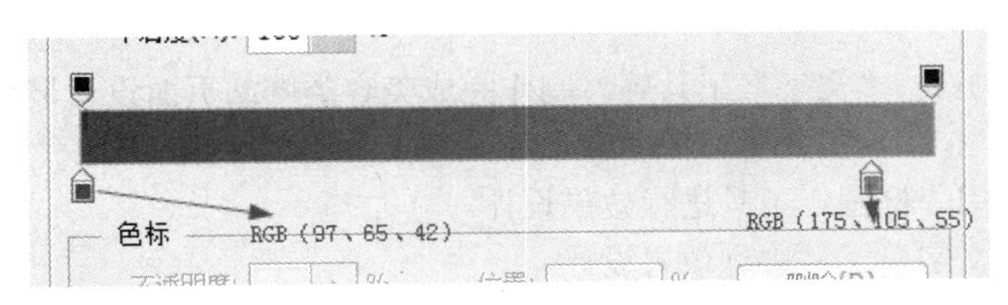

图 7-50 渐变颜色相关参数的设置

图 7-51 “渐变叠加”图层样式添加后的效果图

图 7-52 调整相应的图层顺序

图 7-53 最终背景效果图

7.2.2 实践模式 —— 制作美容类网站页面 2

1. 任务描述

利用“椭圆”工具、“文字”工具等，制作完成美容类网站页面设计最终效果。

2. 能力目标

(1) 能熟练运用“椭圆”工具进行效果设计。

(2) 能运用“文字”工具进行效果设计。

3. 任务效果图（见图 7-54）

图 7-54 任务效果图

4. 操作步骤

（1）基于案例一的结果，打开并拖入图片“7-2”素材，自动生成“图层 10”。使用“多边形套索”工具，将人物身体部分选中，按组合键 Ctrl+J 得到“图层 11”。将“图层 10”和“图层 11”移动到“图层 3”上方，效果如图 7-55 所示。

（2）为“图层 10”添加图层蒙版，使用“画笔”工具在蒙版中将素材人物的下半身涂抹，效果如图 7-56 所示。

图 7-55　效果图

图 7-56　“画笔”涂抹下半身的效果图

（3）新建“曲线”调整图层，并进行设置，如图 7-57 所示。将“曲线”图层创建为“图层 10”的剪贴蒙版。

（4）选中“图层 11”，按组合键 Ctrl+T 调出定界框，对其进行适当旋转，并将“图层 11”移到“图层 10”下方，图层设置如图 7-58 所示，效果如图 7-59 所示。

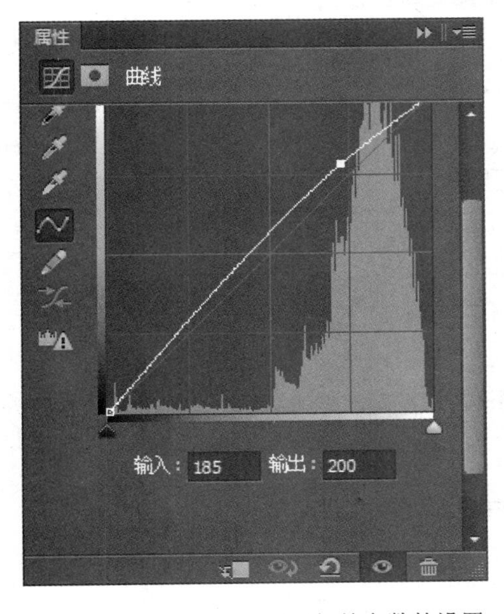

图 7-57　“曲线”调整图层相关参数的设置

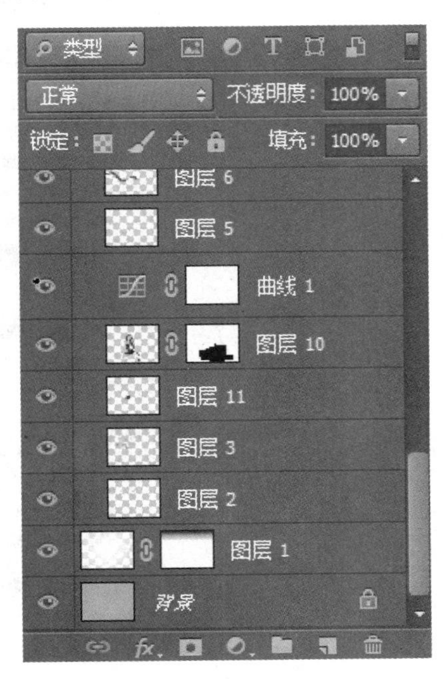

图 7-58　“图层 11”移到“图层 10”下方

（5）使用相同的方法，可以完成相同内容的制作，将该部分所有内容全部选中，按组合键 Ctrl+G 进行编组，如图 7-60 所示，命名为“中心”。

图 7-59　效果图

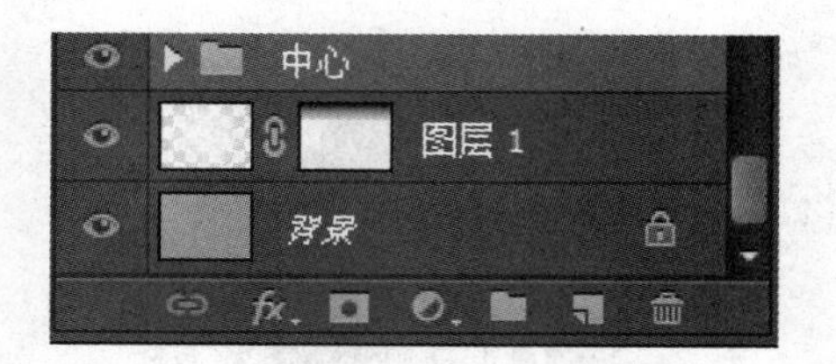

图 7-60　图层编组为“中心”

图 7-61　效果图

（6）新建“图层 14”，设置“前景色”为白色，使用“椭圆”工具并按住 Shift 键在画布中绘制正圆，如图 7-61 所示。

（7）双击“图层 14”，在弹出的“图层样式”对话框中选择“外发光”选项，进行相关参数的设置，如图 7-62 所示。

（8）使用相同的方法，分别对“内发光”和“描边”选项的相关参数进行的设置，如图 7-63、图 7-64 所示，完成图层样式的添加，效果如图 7-65 所示。

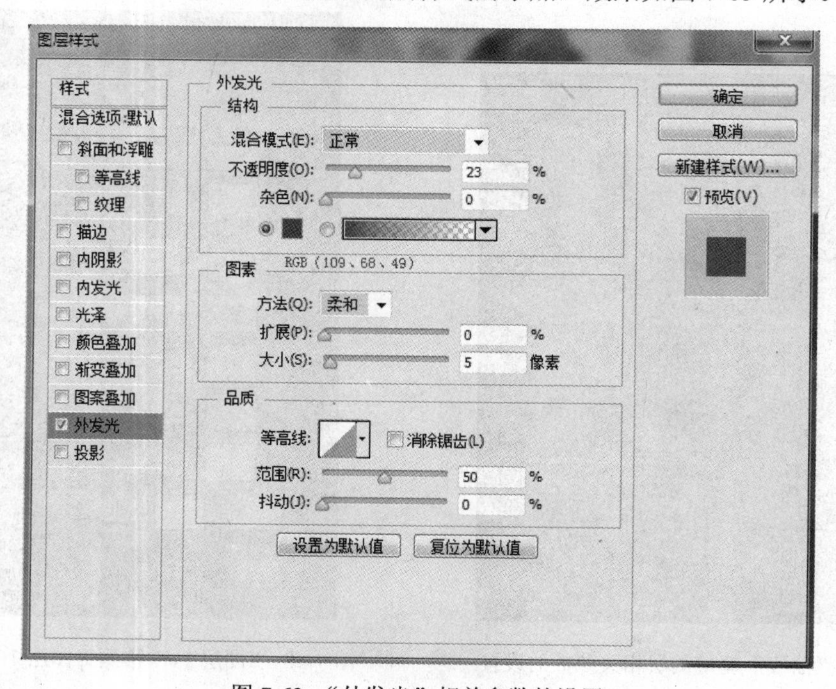

图 7-62 “外发光”相关参数的设置

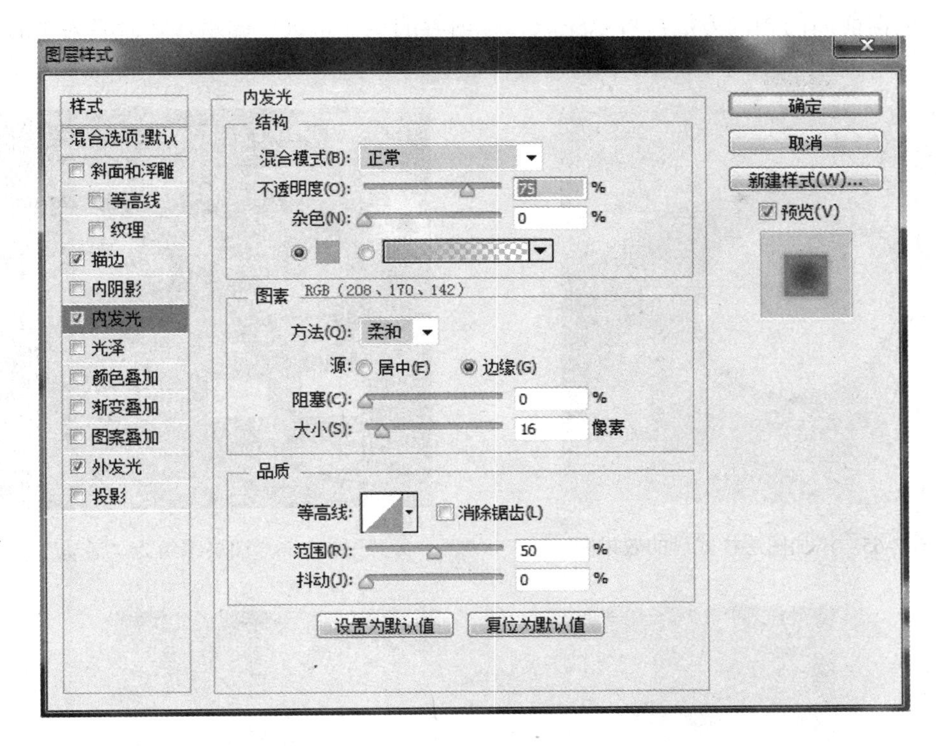

图 7-63　“内发光”相关参数的设置

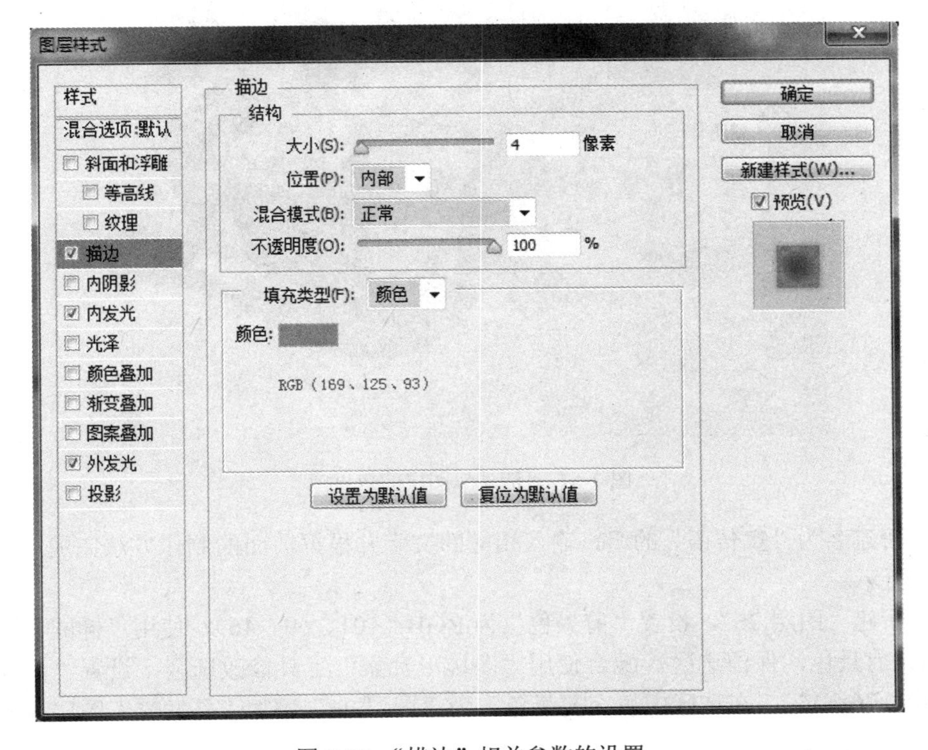

图 7-64　“描边”相关参数的设置

（9）根据前面的相同方法，可以完成相似内容的制作，进行编组，并命名为“活动”，如图 7-66 所示，效果如图 7-67 所示。

图 7-65 添加图层样式后的效果图

图 7-66 图层编组为“活动”

图 7-67 “活动”图层的效果图

（10）新建名为“宣传语”的组，输入相应的文字并根据前面的制作方法完成制作，效果如图 7-68 所示。

（11）新建“图层 26”，设置“前景色”为 RGB（101、69、46），使用“椭圆”工具绘制正圆并填充前景色，保留选区，配合使用“多边形套索”工具修改选区，设置“前景色”为 RGB（170、76、15），在选区中填充前景色，为“图层 26”添加“外发光”图层样式，效果如图 7-69 所示。

（12）新建“图层 27”，使用“直线”工具在画布中绘制三条颜色相邻的直线，效果如图

7-70 所示。

图 7-68 “宣传语”组的效果图

图 7-69 “图层 26”的效果图

图 7-70 “图层 27”的效果图

（13）新建“图层 28”，根据前面相同的方法绘制正圆，并为正圆应用相应的图层样式，如图 7-71 所示，效果如图 7-72 所示。

图 7-71　图层 28

图 7-72 “图层 28”的效果图

（14）新建“图层 29”，调出“图层 26”选区，执行“选择”→“修改”→“收缩”命令，收缩值为 3，按快捷键 Shift+F6 对选区进行羽化，羽化值为 2，填充白色为前景色，如图 7-73 所示。

（15）对选区进行收缩，收缩值为 10，再对选区羽化，羽化值为 2，将选区内容删除，将“图层 26”的“填充”设置为“20%”，添加图层蒙版，使用“不透明度”为“30%”的画笔进行涂抹，效果如图 7-74 所示。

图 7-73 “羽化”效果图

图 7-74 效果图

（16）使用“横排文字”工具在画布中输入文字，在“选项”栏上单击“创建变形文字”按钮，并进行相关参数的设置，如图 7-75 所示，效果如图 7-76 所示。

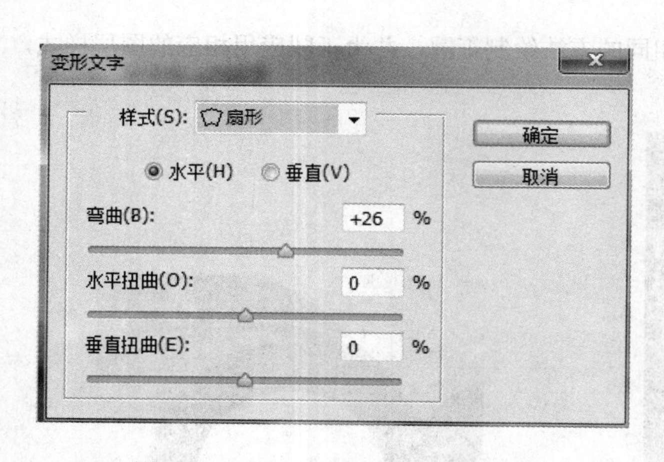

图 7-75 “变形文字”相关参数的设置

图 7-76 “变形文字”效果图

（17）使用相同的方法，可以完成该部分内容的制作，将该部分内容编组命名为“圆环”，如图 7-77 所示，效果如图 7-78 所示。

（18）使用相同的方法，可以完成其他内容的制作，完成最终效果，如图 7-79 所示，将文件保存为“制作美容类网站页面”。

图 7-77 图层编组为“圆环”

图 7-78 效果图

图 7-79 最终效果图

7.3 知识点练习

一、填空题

1．自动抹掉选项是____________________工具栏中的功能。

2．在 Web 上使用的图像格式有____________________。

二、选择题

1．下面滤镜只对 RGB 图像起作用的是（　　）。

A．马赛克　　B．光照效果　　C．波纹　　D．浮雕效果

2．选择“滤镜”→“纹理”→“纹理化”命令，弹出“纹理化”对话框，在“纹理”后面的弹出菜单中选择“载入纹理”可以载入和使用其他图像作为纹理效果。所有载入的纹理格式必须是（　　）。

A．PSD格式　B．JPEG格式　C．BMP格式　D．TIFF格式

3．文字图层中的文字信息不可以进行修改和编辑的是（　　）。

A．文字颜色

B．文字内容，如加字或减字

C．文字大小

D．将文字图层转换为像素图层后可以改变文字的字体

4．点文字可以通过（　　）命令转换为段落文字。

A．“图层”→“文字”→“转换为段落文字”

B．“图层”→“文字”→“转换为形状”

C．“图层”→“图层样式”

D．“图层”→“图层属性”

5．在制作网页时，如果文件中有大面积相同的颜色，最好存储为（　　）格式。

A．GIF　B．EPS　C．BMP　D．TIFF

6．用于网页中的图像是（　　）格式。

A．EPS　B．DCS 2.0　C．TIFF　D．JPEG

三、问答题

1．为什么要将图层进行编组？

2．网页中的字体有何要求？

习 题 答 案

项 目 1

一、填空题

1．Ctrl+I

2．像素

3．Ctrl+N

二、选择题

1．C　2．D　3．C　4．A　5．C

三、判断题

1．错　2．错　3．对

项 目 2

一、填空题

1．ppi

2．自由套索工具、多边形套索工具、磁性套索工具

3．直线

二、选择题

1．C　2．B　3．C　4．C　5．C

三、问答题

1．答："盖印图层"就是在处理图像的时候，将处理后的效果盖印到新的图层上，功能和合并图层更好用。

2．答：当使用"钢笔"工具绘制一条满意曲线后，使用"选择"工具取消当前路径的选择后，再进行其他路径的绘制。

3．答：在使用"仿制图章"工具时，按]键可加大笔触，按[键可减小笔触，按组合键 Shift+]可加大笔触的硬度，按组合键 Shift+[可减小笔触的硬度。

项 目 3

一、填空题

1．像素

2．颜色

二、选择题

1．A　2．D　3．A　4．C　5．B　6．C　7．C

三、问答题

1．答：蒙版实际上就是利用黑白灰之间的不同色阶，来对蒙版的图层实现不同程度的遮挡。

2．答：因为这样可以保护原始的照片，方便调整后进行效果对比。

3．答：前者的“填充类型”只能是“颜色”，后者可以是“渐变”或“图案”。而当“填充类型”都为“颜色”时，描边效果是一样的。

项　目　4

一、填空题

1．4

2．20

3．铅笔工具

二、选择题

1．C　2．C　3．C　4．A　5．D　6．D

三、问答题

1．答：使用“直线”工具在画布中绘制直线或线段时，按住 Shift 键的同时拖动鼠标，可以绘制水平、垂直或 45°角为增量的直线。

2．答：在“图层”面板中选中需要锁定像素的图层，单击“锁定透明像素”按钮，即可将图层像素锁定。

3．答：组合键 Ctrl+J 为向上一层，组合键 Shift+Ctrl+J 为置于顶层，组合键 Ctrl+[为向下一层，组合键 Shift+Ctrl+[为置于底层。

项　目　5

一、填空题

1．颜色、渐变和图案三种

2．−1000～10000

二、选择题

1．A　2．D　3．D　4．C　5．C　6．D

三、问答题

1．答：可执行“视图”→“新建参考线”命令，在弹出的对话框中输入数值来精确定位。

2．答：组合键 Ctrl+Enter

项　目　6

一、填空题

1．图层 2 蒙版

2．Option（Mac）/Alt（Win）

二、选择题

1．A　2．C　3．C　4．A　5．C　6．A

三、问答题

1．答：路径文字是指创建在路径上的文字，文字会沿着路径排列，改变路径的形状时，文字的排列方向也会随之改变。

2．答：当单击锚点时，会出现控制手柄，可以通过控制手柄来调整路径的形状。

项　目　7

一、填空题

1．铅笔工具

2．GIF，JPEG，PNG

二、选择题

1．B　2．A　3．D　4．A　5．A　6．D

三、问答题

1．答：在设计时往往需要建立多个图层，这样过于混乱，将其编组后条理清晰，方便后期进行管理。

2．答：网页中的字体除了将来要成为图片的部分，其他部分都应使用系统自带的字体，也就是宋体或者黑体，比较常用的是宋体。

参 考 文 献

[1] 孙立新，高鹏．Photoshop CS5 精彩案例 208 例．北京：电子工业出版社，2011．
[2] 刘永平．Photoshop CS5 入门与提高．北京：科学出版社，2012．
[3] 杨斌．Photoshop CS3 经典包装设计精解．北京：北京科海电子出版社，2008．
[4] 丛书编委会．Photoshop 图像处理项目式教程．北京：电子工业出版社，2012．